Vormarsch
der Arbeitslagerbewegung

Studentenwerk-Schriften Band 6

Vormarsch der Arbeitslagerbewegung

Geschichte und Erfahrung der Arbeitslagerbewegung für Arbeiter, Bauern, Studenten 1925—1932

Von Georg Keil
unter Mitarbeit von Hans Dehmel, Richard Gothe und Hans Raupach

Herausgegeben vom Deutschen Studentenwerk

Walter de Gruyter & Co. / Berlin und Leipzig 1932

Archiv-Nr. 640 121

Druck: Welzel Buch- und Werbedruck G. m. b. H., Dresden-A. 47

In tyrannos!

ist die stille, sehr entschlossene Meinung, mit der wir unseren denkenden und handelnden Krisengenossen diesen Tatbericht einer Lagerkameradschaft von einigen tausend jungen Menschen dieser Zeit überreichen.

Die Gruppe der Mitarbeiter an diesem Buch — eng verbunden durch ihre politisch-pädagogische Berufsarbeit an den Schulungsstätten der jungen Mannschaft des deutschen Volkes — steht seit dem Beginn der Arbeitslagerbewegung in ihrer Front, kennt daher von der Picke auf ihre Möglichkeiten zum Guten und Schlechten. Sie legt die Ergebnisse ihrer Ueberlegungen und Erfahrungen in einem Augenblick vor, in dem viele von den Grundgedanken und Lebensformen der Arbeitslager sehr wahrscheinlich in den Bereich der gesetzlichen Verarbeitung geraten. Mindestens steht nach dem Erscheinen des Berichtes zu erwarten, daß der Gesetzgeber nicht wiederum, wie in der Eile der Verordnungen des Sommers 1931, an der Tatsache dieser Bewegung vorbeigehen wird. Man darf hoffen, daß die Einordnung der verschieden gerichteten jugend- und wehrbündischen Bewegungen in den Staat nicht nur die volle kulturpolitische Autonomie der zahlreichen Selbsthilfewerke des jungen Volkes garantieren wird, sondern daß darüber hinaus eine eifrige, dem Ganzen dienende Förderung beispielhafter Vorleistungen sogar von Staats wegen einsetzen wird.

Könnten wir bei solchem endlichen Durchbruch zu allgemeinverbindlicher Anwendung mühsam experimentierter Erfahrungen voller Zuversicht sein, so müßten wir doch die Geschichte unseres Volkes und seinen Charakter schlecht kennen, wenn wir nicht um so lauter rufen sollten: In tyrannos!

Solches bedenkend, muß der vorliegende Bericht in seinen sachlich durchaus positiven Formulierungen notwendigerweise auch eine Warnung sein vor „dem grotesken, geistig und praktisch unmöglichen Bild einer von Militäranwärtern kommandierten „„arbeitenden Jugend““ (s. u. Eschmann, „Neuer Lebensraum“, S. 30). Wo immer in den letzten Jahrzehnten sich in Deutschlands Jugend selbständiges Leben regte, geriet es im Volk der Organisatoren, Bürotechniker und Schulmänner in die unausweichliche Gefahr der Bürokratisierung seiner Trägerschaft, der Uniformierung seines Verfahrens und der Verschulung seiner Ideen.

Die ausdrückliche Forderung nach der völligen Autonomie dieses Gemeinschaftswerkes der jungen Mannschaft aus Bauernstand, Arbeiterklasse und Studententum rufen wir nicht in den leeren Raum. Wer das Buch bis zu Ende gelesen hat, wird wissen, daß der junge Mann vorn auf dem Titelbild seinen Karren nur deshalb so tüchtig bergauf schiebt, weil er weiß, wem zum Nutzen: Jenem jungen Deutschland, für das die Kameraden im Nachkrieg arbeitend starben und von dem am 2. August 1914 der junge Otto Braun schrieb:

„Mag auch alles so verhängt und dunkel sein, daß wir nicht in die Zukunft zu blicken vermögen, das eine ist mir sicher: Deutschland kann nicht untergehen. Und ich gründe diesen Glauben nicht wie die Prahler auf die Ueberzeugung von unserer Vollkommenheit und unseren Leistungen, sondern gerade aus dem Bewußtsein, daß wir uns noch nicht erfüllt haben, erwächst mir diese Gewißheit. Nicht die hohe Kultur des einzelnen kann uns zur Vollendung führen, nur aus der großen Gestaltung des Lebens, der Gesamtheit, der Gemeinschaft, wird uns die Erlösung unseres wahren Seins werden.“

Kiel und Löwenberg (Boberhaus), Anfang Mai 1932.

Inhalt

III. Erfahrungen

Vorbemerkung

Wer mit offenen Augen die politischen Ereignisse der letzten Jahre in Deutschland verfolgt hat, der muß erkennen, daß die wirtschaftliche und geistige Gefahr für unser Land, insbesondere für seine Jugend mit der harten Kraftprobe des Krieges und der ihm folgenden Notjahre bis zur Inflation noch nicht überwunden ist. Man weiß heute, daß einige ruhige Jahre nur einen trügerischen Schein wiederkehrender Geordnetheit und Ausgeglichenheit des Lebens vorgaukelten, daß aber die Aufgabe neuer gesellschaftlicher und politischer Gestaltung ungelöst blieb. Neben mannigfachen Krankheitssymptomen und Verfallserscheinungen unseres Volkslebens berechtigen neue Ansätze zu guten Hoffnungen: wertvoll besonders, wo sie auf Selbsthilfe beruhen, und wo die Jugend des Volkes nach Jahren des Schwärmens und Forderns zur Arbeit, zur Mithilfe am Aufbau in breiter Front antritt. Seit Jahrzehnten in der „Jugendbewegung" zu einem selbständigen gesellschaftlichen Bewußtsein erwacht, hat die junge Generation in der harten Schule unserer Zeit jugendliche Begeisterungsfähigkeit mit realem Tatsachensinn zu verknüpfen gelernt und hat sich mit Ernst und Verantwortungsfreude an die Gestaltung neuer würdiger Lebensformen gemacht.

Die folgenden Blätter zeugen von einem solchen Gestaltungsversuch der Jugend: den Arbeitslagern. In einer Zeit, in der politische Projektemacherei eine Hochkonjunktur erlebt, die Oeffentlichkeit der Presse und der Buchläden widerhallt von Scheinkämpfen für und wider Einrichtungen, nach deren Bewährung noch keiner gefragt hat, ist es notwendig, darauf hinzuweisen, daß hier von Versuchen und Erfahrungen und nicht nur von Plänen berichtet wird. Da schon vor 7 Jahren die ersten Arbeitslager stattgefunden haben, da inzwischen immer weitere und größere Kreise von dem Gedanken erfaßt worden sind und bei jeder neuen Erprobung sich neue Möglichkeiten und neue Formen ergeben haben, so erscheint heute ein Rechenschaftsbericht als legitimiert, der, wenn er die Vergangenheit und Gegenwart aussagt, der Zukunft zu dienen hofft.

In dem Umkreis der gesellschaftlichen Welt, in dem sich die Arbeitslager abspielten, haben sich in den letzten Jahren entscheidende Veränderungen vollzogen. Die freiwillige Arbeitsschule der jungen Generation, zunächst aus studentischen Gruppen, später aus vielen gesellschaftlichen Schichten, für die die Arbeitslagerbewegung die erste Pionierarbeit geleistet und die ersten Erfahrungen gesammelt hat, erhält in der Zeit der Massenarbeitslosigkeit eine besondere Bedeutung, steht vor großen, im Verhältnis zu ihren Kräften sich überstürzenden Aufgaben. Aus vielen Quellen, aus der greifbaren Not Hunderttausender junger Menschen, aus den Schwierigkeiten des öffentlichen Unterstützungswesens in der Krise, aus dem Interesse des Staates an der geistigen und körperlichen Gesunderhaltung der Jugend, aber auch aus den politischen Forderungen allgemeinen Arbeitsdienstes und aus idealistischer Bereitwilligkeit, freiwillige Verantwortung für das Ganze zu tragen, sind die ersten gesetzlichen Regelungen im Sommer 1931 in den Bestimmungen über den freiwilligen Arbeitsdienst hervorgegangen. Sie müssen notwendig ein Kompromiß darstellen zwischen dem Schwung der Forderungen und der Verlangsamung durch die materielle Not; sie bilden einen Rahmen, der noch ausgefüllt werden muß. In welcher Weise das nun geschehen ist und in den kommenden Jahren weiterhin geschehen wird, das ist für die Lebensformen der jungen Mannschaft unseres Volkes auf Jahre hinaus von schlechthin entscheidender Bedeutung.

Es ist nicht der Zweck dieser Veröffentlichung, zu den heißumstrittenen Plänen einer allgemeinen Arbeitsdienstpflicht Stellung zu nehmen. Diese steht nach ihren politischen Voraussetzungen und nach der Tiefe ihrer voraussichtlichen Einwirkungen auf unser gesamtes Volksleben und auf unsere Wirtschaftsordnung auf einem ganz anderen Blatt als Arbeitslager und freiwilliger Arbeitsdienst. Aber schon jetzt läßt sich vermuten, daß das staatliche Leben in der kommenden Zeit nicht, wie es seit Kriegsende der Fall war, auf eine mehr oder weniger weitgehende Einwirkung auf die junge Mannschaft durch Zusammenfassung und Gemeinschaftserziehung verzichten wird. Die Jugend ist an dieser Entwicklung in erster Linie interessiert, weil sie von ihr erfaßt werden wird. Es ist Neuland, das hier bebaut werden soll, es ist eine Aufgabe, die in der einmaligen heutigen Lage unseres Volkes mit den Kräften unserer Zeit zu lösen ist. Dies muß um so nachdrücklicher betont werden, je mehr die Möglichkeit besteht, daß Formen und Haltungen aus vergangenen Zeiten unkritisch zum Vorbild genommen und nicht nach den veränderten Voraussetzungen neu gebildet werden. In einem solchen Falle wird leicht die Gefahr bestehen, daß die Verantwortung für die Durchführung dieser Aufgabe nicht der jungen Generation gegeben wird, die bereit ist, sie zu tragen und die ihren guten Willen zu tatkräftiger und schöpferischer Mitarbeit bewiesen hat.

In dieser Beziehung wollen die vorliegenden Blätter mit der Rechenschaftslegung über die bisherige Arbeit und der Sammlung der Erfahrungen einen Anspruch der Jugend auf Mitarbeit anmelden. Sie bringt viel gute, in den letzten Jahrzehnten neu entstandene Voraussetzungen mit, die sich zu einem überzeugenden Gesamtbild des neuen und gesunden Lebenswillens unseres Volkes zusammenschließen lassen. Die Jugendbewegung und ihre Leistungen, die neuen Formen studentischen Lebens, die gesunde Kraft der Turn- und Sportbewegung sind einige Beispiele. In den Arbeitslagern und an einigen Stellen auch in der Ausgestaltung des freiwilligen Arbeitsdienstes haben alle diese Kräfte mitgearbeitet. Die Aufgabe ist klar gestellt; sie ist umfassend und nicht abhängig von den besonderen Notwendigkeiten der gegenwärtigen Krisenzeit. Die Jugend hat sie in Angriff genommen; sie weiß, daß sie selbst letzten Endes sie auch lösen muß und lösen kann, wenn Staat und Verwaltung sie mit Verständnis und Vertrauen gewähren lassen.

I. Bericht

Die Entstehung der Arbeitslager in der freien Jugendbewegung

Die Voraussetzungen

Das erste Arbeitslager fand statt im Frühling 1925; es wurde veranstaltet von den Führern eines Bundes der Jugendbewegung, des „Altwandervogel"[1]), und erfaßte in der Hauptsache die studentische Jungmannschaft dieses Bundes. Teilnehmerkreis und Zeitpunkt sind nicht zufällig. Die Entwicklung der Jugendbewegung in der Nachkriegszeit auf der einen, die Lage der studierenden Jugend auf der anderen Seite sind die beiden Gruppen von Voraussetzungen für die Entstehung der Lager.

Neue Aufgabenstellung für die Jugendbewegung

Die Jugendbewegung der Vorkriegszeit hatte als gesunde Reaktionserscheinung gegen die Erstarrtheit des gesellschaftlichen Lebens wenig Wert auf die Herausbildung eigener gesellschaftlicher Formen gelegt, sie hatte als reine Bewegung in der äußerlich geordneten Erwachsenenwelt sich das „In-die-Wälder-Gehen", die Besinnung auf das Organisch-Natürliche in Lebensformen und Kulturgütern gestatten dürfen. Der Krieg brachte durch die Verluste unter der Aelterenschicht den Zwang zu einem Neuanfang; die wenigen von der Front zurückkommenden Führer mußten die Bünde in jahrelanger Arbeit erst wieder aufbauen. Dabei bewirkten die Umwertung der überkommenen Vorstellungen und der Verlust der wirtschaftlichen Grundlagen in den Volksschichten, aus denen sich die Gruppen der freien Jugendbewegung überwiegend rekrutierten, sowie die Notwendigkeit, sich in dem gesellschaftlichen Chaos der Nachkriegsjahre zurechtzufinden, eine Umstellung in der Richtung der Bewegung. Die weltanschaulich-kulturellen Ziele traten zurück vor dem — oft zunächst naiven, romantischen, utopischen — Willen zu politischen Formen. Die vielen Gefolgschaftsbünde und Orden dieser Zeit sind dafür Symptome.

Jungmannschaftsbildung

Größeren Ernst und Bedeutung gewann diese Tendenz, als die jungen Bünde in ihrer Aelterenschicht allmählich in breiterer Front

[1]) einem der Stammbünde der heutigen „Deutschen Freischar".

in das Jungmannschaftsalter, in die Stufe der 18—25jährigen, hineinwuchsen. Der Zeitpunkt fällt etwa mit dem Höhepunkt der Inflation und der Ruhrbesetzung zusammen. Das Erwachen des gesellschaftlichen Bewußtseins in dieser Notzeit läßt bei einer breiten Schicht den unklaren politischen Drang zu gesellschaftlichem Verantwortungsgefühl ausreifen. Die Folgen gehen nach zwei Richtungen. Einmal wird der Bund selbst nun als politische Form ernst genommen, die alte Wandervogelhorde wird übersetzt in die kollektive Leistungseinheit der Gruppe, die ihre Leistungsfähigkeit und Disziplinierheit in den gleichzeitig einsetzenden großen Aktionen der Bünde — den Auslandsfahrten ganzer Gaue, der Deutschtumsarbeit, der Gründung von Schulheimen — bewähren kann. Zum zweiten tritt bei der pädagogischen Arbeit der Bünde die „politische Bildung" in den einzelnen Gruppen stark in den Vordergrund, zunächst oft hilflos und dilettantisch betrieben, später durch Fühlungnahme mit geistig verwandten Professoren und Politikern und durch wachsende eigene Erfahrung und Studienfortschritte zu einem wertvollen Erziehungsfaktor der jungen Generation neben den bestehenden Bildungseinrichtungen ausgebaut[1]).

Dieser Weiterbau der Bünde in die Aelterenschicht hinein geschah aber durchaus in der Fortführung der Tradition der Vorkriegs-Jugendbewegung. Sie hatte in der Fahrt, dem Lager, ihren Trachten, ihrer Musik Lebensformen und Kulturinhalte geprägt, die heute zum Gemeingut der deutschen Jugend geworden sind. Es galt nunmehr auch für die neue Jungmannschaftsschicht, Formen ihres Lebens zu finden, in denen sich die alten Inhalte — Streben nach Totalität, Selbstverantwortung und Kameradschaft — mit den Interessen der höheren Altersstufe und den gesellschaftlichen Voraussetzungen der Zeit verbanden. Die bisher wichtigste Lösung ist das A r b e i t s l a g e r.

Neue studentische Lebensformen

Dafür aber, daß auf diesen Lagern die Jugend der Arbeit mit Hacke und Schaufel einen Platz einräumte und in dem Zusammenklang von Werkarbeit und geistiger Uebung erst den pädagogischen Wert erkannte, ist die Tatsache wichtig gewesen, daß die ersten Lager für die S t u d e n t e n der Bünde geschaffen worden sind. Die wirtschaftliche und die geistige Lage der studierenden Jugend in der Nachkriegszeit hatte zu Formen des Studentendaseins geführt, wie sie die Vorkriegszeit nicht gekannt hatte. Die akademische Frontgeneration schuf unter dem Druck des wirtschaftlichen Verfalls die Einrichtung des Werkstudententums, die auch für die jungen Studenten der Inflationszeit oft eine zwangsläufige Voraussetzung ihres Bildungsganges wurde. Ihre Wichtigkeit kann nicht leicht überschätzt werden. Der Zwang zum Broterwerb durch der Hände Arbeit, die Kontrolle unfundierter geistiger Ansprüche durch die handfeste und wortkarge Kritik des werktätigen Menschen, den zum Kameraden sich gemacht zu haben der heimliche Stolz vieler Studieren-

[1]) Ueber diesen Fragenkreis vgl. die Schrift von Georg Götsch: „Die deutsche Jugendbewegung als Volksgewissen." Leipzig 1928.

der wurde, der damit verknüpfte lebendige Anschauungsunterricht quer durch alle Schichten des Volkes hindurch, alles das schuf einen Studententyp, der mit Abstand dem Leben der Hochschulen gegenüberstand und aus seinen Erlebnissen heraus ihre geistige Stellung im Volk, ihre wissenschaftlichen Inhalte, ihre Methoden mit kritischen Augen ansah. Aus solchem inneren Widerstand wuchs das Bedürfnis nach einer größeren Lebendigkeit des wissenschaftlichen Lebens, als sie in der vielfach zusammenhanglosen, intellektualisierenden Luft, der gesellschaftlichen Isolierung der Hochschulen zu finden war. Von dieser Seite führt der zweite Weg zu den Arbeitslagern. In dem Augenblick, als das Werkstudententum nach der Stabilisierung der Mark an Bedeutung immer stärker zurückging, wurde so sein innerer Wert in eine neue Form weiterentwickelt. Die Werkarbeit konnte nunmehr zum notwendigen Bestandteil einer sinnvollen Lebensform neben der Hochschule für die studentischen Gruppen werden.

Die Ausbildung der Lagerform

Diese Voraussetzungen spiegeln sich in den Einladungen und Berichten der ersten Arbeitslager deutlich wider. Es waren das die Bundeslager der heutigen „Deutschen Freischar" jeweils im Frühling der Jahre 1925 in Colborn in Hannover, 1926 in Dassel im Solling, 1927 in Hermannsburg in der Lüneburger Heide und in Löwenberg in Schlesien.

Absicht politischer Gestaltung

Der Wille zu einer über den eigenen Kreis hinaus verbindlichen politischen Form tritt von Anfang an hervor. „Vielleicht ist das die wichtigste Aufgabe, die wir in unserer Zeit immer wieder haben, dem chaotischen Durcheinander überall zu steuern, indem wir jedes menschliche Beieinandersein ordnen und verstaatlichen, indem wir überall Volksordnung üben, nicht bloß wollen, seien wir nun zu dreien, zu dreißig oder dreihundert zusammen[1])." Zu dieser Grundhaltung gehört es auch, daß der Gedanke des Dienstes, der Verpflichtung eine Rolle spielt. Schon in der ersten Einladung vom Dezember 1924 ist davon die Rede, daß die Arbeitslager „den Gedanken der Arbeitsdienstpflicht auf unsere Weise verwirklichen" sollen. Freilich darf die damalige Diskussion der Arbeitsdienstpflicht innerhalb der Jugendbewegung nicht mit dem verwechselt werden, was heute unter dem Druck hoher Arbeitslosigkeitsziffern und unter veränderten politischen Voraussetzungen zum Streitobjekt des politischen Tageskampfes geworden ist.

Es kann zur Verhütung von Mißverständnissen nicht deutlich genug hervorgehoben werden, daß für die Gruppen der Jugend, die für die bisherigen Arbeitslager verantwortlich sind, die pädagogische Aufgabe und die von parteiischen Tendenzen völlig unbeeinflußte freiwillige Selbstgestaltung vom Anfang an im Vordergrund gestanden hat. „Wir waren uns darüber klar, daß die Durchführung des allgemeinen Arbeits-

[1]) Aus der Einladung für das Lager in Dassel 1926.

dienstjahres in Deutschland unmöglich ist, da es uns einfach an ausreichenden Aufgaben ideellen Charakters, die nun einmal die Grundlage jeder allgemeinen Arbeitsdienstpflicht sind, mangelt. Trotzdem sahen und sehen wir in der beschränkten Durchführung der Arbeitsdienstpflicht gerade für diejenigen Teile der jungen Generation, die sich bislang hauptsächlich auf geistigen Gebieten betätigten, ein außerordentlich wichtiges Erziehungsmittel, dessen Bedeutung — von anderem abgesehen — allein schon im Hinblick auf ihr Verhältnis zur Handarbeit nicht hoch genug eingeschätzt werden kann. Von ganz besonderer Wichtigkeit war und ist das natürlich für die junge Studentengeneration[1])." Deshalb wurde die Werkarbeit niemals als Selbstzweck des Lagers, sondern als ein wichtiges pädagogisches Mittel aufgefaßt. „Mancher spürte wohl mit zum ersten Male das Glück, sich wirklich ‚nützlich' zu machen, nicht nur seinen Leib aus Gesundheitsgründen zu üben, spürte den wirklichen Gegendruck der dinglichen Welt, ihren zähen Widerstand, aber auch die Freude am sichtbaren täglichen Erfolg[2])." Der Hauptwert wird gesehen in ihrer gesunden, ausgleichenden Wirkung gegenüber der einseitigen Geistigkeit des Akademikers. „An Steinklopfen und Rigolen glitt manches als unwirklich, romantisch, konstruiert ab, was sich am Nachmittag oder Abend vorher in Aussprache, Arbeitsgemeinschaft oder Vortrag als wichtig gebläht, Vorrang und Führung beansprucht hatte[3])."

Werkarbeit als pädagogisches Mittel

Dieselbe Haltung, die die Notwendigkeit und Gleichberechtigung der Werkarbeit betonte, prägte die Richtung und die Form der geistigen Auseinandersetzung auf den Lagern. Schon bei der Vorbereitung des ersten Lagers ist davon die Rede, in Verbindung „mit den wirklich tragenden und neuen Kräften der Gegenwart eine wirkliche ‚Hochschule' zu bilden[4])". Das Bestreben, durch die Lager eine fruchtbare Begegnung verantwortlicher Persönlichkeiten des wissenschaftlichen und politischen Lebens mit der Jugend herbeizuführen, kennzeichnet alle bisherigen Veranstaltungen. Dabei soll die geistige Arbeit „das Hochschulleben ergänzen, nicht aber es zu ersetzen versuchen[5])".

Der dritte Hauptbestandteil ist vom ersten Lager ab die bewußte Durchgestaltung mit musischen Uebungen. Die bindenden Kräfte aus gemeinsamem Spiel und gemeinsamem Musizieren hatten in den Gruppen der Jugend schon immer eine besondere Wirkung ausgeübt. Die Lager erwiesen sich als ein geeigneter Boden, diese Aufgabe ernsthaft

---

[1]) Aus einem Bericht des verstorbenen Führers der „Deutschen Freischar" Ernst Buske über das Lager in Hermannsburg.

[2]) Aus einem Bericht über das Lager in Colborn 1925.

[3]) Aus einem Bericht über das Lager in Dassel in „Der weiße Ritter", Voggenreiter, Berlin, VI. Bd., Lieferung 5/6, S. 103.

[4]) Aus einem Brief in den „Bundesmitteilungen des Altwandervogel" vom 4. Dezember 1924.

[5]) Aus der Einladung zum Lager 1926 in Dassel.

in Angriff zu nehmen. „Stofflich versuchte die Chorarbeit, die fast ausschließlich auf alte Musik zurückging, eine Ablösung des verbrauchten Liederbestandes des Bundes anzubahnen. Gedanklich ging es um mehr, um eine Ablösung der ästhetischen Musikauffassung durch eine ethische[1])."

Die drei Grundbestandteile

Dieser Zusammenklang von Werkarbeit, geistiger Auseinandersetzung, musischer Uebung bildet den Grundakkord des Arbeitslagers. Die Abstimmung der Gebiete untereinander, das Erproben der verschiedenen Möglichkeiten kennzeichnet den Verlauf der ersten Veranstaltungen, aus denen durch Bewährung allmählich sich die feste Form herausbildete.

Das erste Lager fand statt vom 17. bis 29. April 1925 auf Schloß Colborn, einer ländlichen Volkshochschule in Hannover, und wurde von 50 Studenten besucht. Die körperliche Arbeit war auf sechs Stunden festgesetzt und bestand in Feld- und Forstarbeiten auf den zum Schloß gehörenden Ländereien. Sie war auf den Vormittag gelegt, und zwischen ihr und dem Beginn der Nachmittagsarbeit — in der Regel Chorsingen — wurden zwei Stunden pflichtmäßig abzuleistender Bettruhe eingeschoben. Die Abende waren den Vorträgen und Aussprachen vorbehalten. Die Werkarbeit hatte auch in finanzieller Beziehung eine sehr reale Bedeutung; sie wurde mit freier Unterkunft und Verpflegung entlohnt, und diese Verbilligung war für viele die wirtschaftliche Voraussetzung ihrer Teilnahme. Die Vorträge standen nicht im Zusammenhang eines einheitlichen Themas; sie „sollten keine Erweiterung der systematischen Ausbildung der Studenten sein, sondern Mitteilungen, Berichte, Gedankengänge aus dem Erfahrungskreise von Männern, die denkend im wirklichen Leben stehen. Sie sollten im wesentlichen Hilfe in der Berufsfrage geben, die für die deutschen Studenten heute so brennend ist[2])".

Wichtige Neuerungen brachte das nächste Lager vom 8. bis 28. April 1926 in Dassel im Solling. Die Lagerdauer wurde auf drei Wochen erweitert, die Teilnehmerzahl stieg auf 144. Die Werkarbeit wurde auf 5 Stunden verkürzt, sie war „wie im Vorjahre die entscheidende Grundlage des Zusammenlebens und ausschlaggebend für Verkehrston und Stilbildung des Ganzen[3])". Sonst wurde die Tageseinteilung beibehalten, die Vorträge und Aussprachen wurden zum Teil auch auf die Nachmittagsstunden verlegt und die Abende der lockernden musischen Uebung vorbehalten. Diese trat sehr in den Mittelpunkt; alle Kräfte des Lagers wurden vom Beginn an straff auf die Aufgabe zusammen-

[1]) Aus einem Bericht über das Lager in Colborn 1925. — Dieser Teil der Lagergestaltung wurde stets in engem Zusammenhang mit der Jugendmusikbewegung durchgeführt, die unter der Führung von Prof. Fritz Jöde einen kulturell und gesellschaftlich sehr ernsthaften und musikwissenschaftlich gut fundierten Versuch einer Neugestaltung lebendiger Musik in unserem Volksleben darstellt.

[2]) Aus einem Bericht über das Lager in Colborn 1925.

[3]) In „Der weiße Ritter", a. a. O., S. 100.

gefaßt, ein Schauspiel — Cymbeline von Shakespeare — in der gelösten Form des Bewegungsspieles auszugestalten[1]). Ebenso verdichtete sich die Musikarbeit zur bewußten chorischen Leistung. In der letzten Woche bewährten Singe- und Spielfahrten in die umliegenden Städte den damit gewonnenen inneren Zusammenhalt der Lagermannschaft. Neben der zuchtvollen Uebung und zum Teil als eine Reaktion auf sie, spielte die ursprüngliche Kunst der Improvisation eine Rolle, führte zu einer ausgelassenen Selbstdarstellung des Lagers in einem Trachtenfest in der Lagermitte, während am Lagerschluß die Aufführung des Schauspiels auf selbstgezimmerter Bühne zu einem Höhepunkt wurde. Auch die Formen der geistigen Arbeit wurden mannigfacher. Einige Arbeitsgemeinschaften mit fester Aufgabenstellung wurden ausgegliedert, während für die Gesamtarbeit nicht der Versuch einer Systematisierung gemacht worden war. „Das Lager stand im Zeichen der Uebung, nicht der Lehre. Daher waren die Vorträge auch nicht in systematischen Zusammenhang gebracht worden. Die Einheitlichkeit wurde gewährleistet durch die innere Nähe der Vortragenden zu unserem Streben[2]).“ Die Bereitwilligkeit und die Fähigkeit des Zuhörens bei den Teilnehmern brachte es mit sich, daß an einzelnen Höhepunkten an die Stelle des Vortrags das Zwiegespräch zwischen mehreren der geladenen Gäste, die unmittelbare geistige Auseinandersetzung, treten konnte. Die große Teilnehmerzahl stellte die Aufgabe einer bewußten Durchgliederung des Lagers. Deshalb wurden die gegebenen Stammeseinheiten immer wieder in Arbeitskolonnen, Stubengemeinschaften, Tischgruppen usw. aufgelöst, und diese Gruppen erwiesen sich als wichtige Bausteine der Lagergemeinsamkeit, die zum Schluß überzeugend in Erscheinung trat. Dabei war die Zusammensetzung ursprünglich durchaus nicht einheitlich; die Teilnehmer stammten aus 8 verschiedenen Bünden, aus allen Landschaften, umfaßten Studenten und Berufstätige. Diese Bindekraft ist der eigentliche Erfolg des Lagers; die Aufhebung der Zersplitterung in der freien Jugendbewegung in den letzten Jahren ist durch die Arbeitslager wesentlich gefördert worden.

Im April 1927 folgten zwei Lager von je drei Wochen Dauer, das eine in Hermannsburg in der Lüneburger Heide, das andere in Löwenberg in Schlesien. War schon auf den bisherigen Lagern die Buntheit der Zusammensetzung eine gute Voraussetzung für die innere Spannung gewesen, so führte die Erkenntnis von den Bindekräften des Lagerlebens dazu, jetzt mit Bewußtsein heterogene Elemente zusammenzuführen, um sie durch die Lager auf gemeinsame künftige Aufgaben vorzubereiten. Unter der Vorstellung der inneren Einheitlich-

[1]) Diese Aufgabe wurde unter Anleitung durch Martin Luserke in Angriff genommen und auf diese Weise die Verbindung geschaffen zu den Kräften, die in Bewegungs- und Laienspiel eine ähnliche Erneuerung und Vertiefung der Schauspielkunst erstreben wie die Jugendmusikbewegung in der Musikpflege.

[2]) In „Der weiße Ritter“, a. a. O., S. 106.

keit des nordgermanischen Lebensraumes und gemeinsamer kultureller Aufgaben für die junge Generation der nordischen Länder waren nach Hermannsburg junge Engländer und Skandinavier geladen. Der Zweck des Lagers war, diesen Fragenkreis geistig zu klären und die musische Arbeit auf die Gestaltung einer Studienfahrt der Lagermannschaft nach England auszurichten, die im Herbst des gleichen Jahres auch stattfand[1]). Das Lager stand also damit unter einem einheitlichen Thema. Im übrigen verlief es in den in Dassel erprobten Formen. Die musischen Uebungen wurden bereichert durch die Erarbeitung von altenglischen Männertänzen, die bei den festlichen Veranstaltungen neben die musikalische Leistung die chorische setzten. Das Löwenberger Lager, das die Oststämme des Bundes umfaßte, stellte als Thema die Frage nach der Möglichkeit persönlichen Einsatzes in den späteren Berufen der Studenten. Die Häuser, in denen die Lager errichtet wurden, waren in beiden Fällen Volkshochschulheime, in Hermannsburg eine ländliche Volkshochschule, in Löwenberg das „Boberhaus", Grenzschulheim der Schlesischen Jungmannschaft. Die Werkarbeit bestand in beiden Fällen aus einfacher Erdarbeit. In Hermannsburg wurde für das Heim ein Stück Moor kultiviert, in Löwenberg im Auftrag der Stadt Gelände für einen Sportplatz planiert. Das erste Lager umfaßte 83 Teilnehmer, das zweite 100.

Der Ausbau der Verbandslager in der Jugendbewegung

Mit diesen Veranstaltungen war das Arbeitslager als pädagogische Lebensform der studentischen Jungmannschaft in der freien Jugendbewegung fest umrissen. Die weiteren Jahre brachten jeweils im Frühjahr eine Fortsetzung dieser Arbeit. 1928 fand das Bundesarbeitslager der „Deutschen Freischar" im Volkshochschulheim Colborn statt, 1929 im Boberhaus in Löwenberg, 1930 und 1931 im staatlichen Musikheim in Frankfurt a. d. O. Die verhältnismäßig einheitliche Zusammensetzung der Teilnehmer ließ eine neue geistige Problematik nicht entstehen; die Entwicklung ging vielmehr in die Richtung einer Vertiefung durch ernsthafte Weiterarbeit an der musischen Durchgestaltung vom schweigenden Morgenreigen bis zum feierlichen Tagesabklang in gregorianischer Melodik. Erst das Hinzutreten der werktätigen Jugend und die Zusammenarbeit mit der freien Volksbildung gab der Lagerbewegung ihre neue und umfassende Aufgabe.

Die Weiterbildung zu den Arbeitslagern für Arbeiter, Bauern und Studenten in Schlesien

Die Grundlagen

Der unter dem Druck der Nachkriegsnot erwachte Verantwortungswille der älteren Studierenden und Berufstätigen aus der Jugend-

[1]) Ein Bericht über diese Veranstaltung ist erschienen im Verlag Voggenreiter, Berlin, unter dem Titel „Ein neuer Weg", 1928.

bewegung konnte auf die Dauer nicht beim Bund stehenbleiben, er strebte darüber hinaus. Die Arbeitslager hatten in ihrem Ablauf gestaltende und bindende Kräfte ausgelöst, es lag sehr nahe, daß man die nach innen gerichtete Aufgabenstellung nunmehr nach außen lenkte, daß man in die Lager die gesamte junge Generation mit hineinbezog, mit der man gemeinsam in Volk und Staat die Verantwortung für die Zukunft zu tragen hatte. Deshalb wurden schon auf dem Bundeslager 1926 in Dassel und 1927 in Löwenberg Pläne erörtert, auch werktätige Gruppen auf die Lager einzuladen. Dieser Gedanke bedeutete eine organische Weiterentwicklung der erkannten Aufgabe; aber wenn er auch gleichsam in der Luft lag, so mußten doch erst viele Voraussetzungen gegeben sein, die zum guten Teil sich unabhängig an anderen Fronten des gesellschaftlichen Geschehens bildeten, bis die erste Begegnung von Arbeitern, Bauern und Studenten im Arbeitslager 1928 in Löwenberg in Schlesien geschehen konnte.

Jugendbewegung und Arbeiterschaft

Die Lage der jungen Generation hatte auch in den Schichten der werktätigen Jugend gegenüber der Vorkriegszeit eine wesentliche Veränderung erfahren. Vor allem in dem von einheitlichem Klassendenken erfüllten Teil der Arbeiterschaft war zumindest die äußere Form, oft auch die innere Haltung der Jugendbewegung zum Durchbruch gekommen. Sie hatte zur Bildung umfangreicher Organisationen geführt, wie z. B. der sozialistischen Arbeiterjugend, die in bewußtem Gegensatz standen zu den bislang üblichen, an menschlichen Beziehungen kargen, vereinsmäßigen Partei- und Gewerkschaftsgliederungen. Die Erkenntnis von der Notwendigkeit eines eigenen und freien Jugendlebens, meist in Verbindung mit Freizeitforderungen, setzte sich durch, und die Formen der Fahrt, der Trachten, der Bundestage drangen weit in die Jugendgruppen der Gewerkschaften und proletarischen Sportorganisationen ein. Es konnte nicht ausbleiben, daß die Entwicklung einen ähnlichen Verlauf nahm wie bei der bündischen Jugend, und daß in der Aelterenschicht ein starkes soziales Verantwortungsbewußtsein sich bildete, das nicht im Gegensatz zu klassenkämpferischer Schulung zu stehen brauchte.

Dazu kam, daß das Einrücken der Arbeiterschaft in die Verantwortung für den Staat zu einem gesteigerten gesellschaftlichen Bewußtsein führte und zu der Forderung nach einer Erfüllung der Demokratie, die als Aufgabe aus dem Zusammenbruch der autoritären Ordnungen erwachsen war. Die Notwendigkeit des Miteinanderlebens im staatlichen Raum führte zu größerer Aufgeschlossenheit proletarischer Gruppen. Aus diesen Zusammenhängen heraus erklärt sich die Bereitschaft junger Arbeiter zur Teilnahme an Begegnungen, wie sie die Volkslager darstellen. Gerade die Aelteren aus der Sozialistischen Arbeiterjugend haben als Sprecher der Arbeiter und Angestellten auf den schlesischen Lagern und auch anderswo eine wichtige Rolle gespielt.

Lage der ländlichen Jugend

Nicht ganz so eindeutig liegen die Verhältnisse bei der ländlichen Jugend, die sich für die Arbeitslager mit eingesetzt hat. Erst in jüngster Zeit und auf dem Wege der politischen Radikalisierung dringt das Generationsproblem und die bündische Form auch auf den Dörfern vor in unverkennbarem Zusammenhang mit der Verschlechterung der wirtschaftlichen Lage des Landvolkes. In den Jahren 1928—30, als die schlesischen Lager stattfanden, waren es fast immer einzelne Jungbauern, die durch eine persönliche Werbung gewonnen wurden. Die gegenwärtige gesellschaftliche Umschichtung läßt die Hoffnung offen, daß bei künftigen Lagern in ihrer Haltung geschlossene Bauerngruppen die Intensität der Begegnung noch erhöhen werden. Die Form, in der sich die politische Verselbständigung vollzieht, die damit verbundene Verschärfung des Gegensatzes zwischen Stadt und Land, erhöht anderseits für die Zukunft aus volkspolitischen Notwendigkeiten die Wichtigkeit solcher Begegnungen.

Für die dritte Gruppe, die Studenten, braucht nur auf das für die bündischen Lager bereits Gesagte hingewiesen zu werden; auf den schlesischen Volksgruppenlagern haben nur die Studenten aus der Jugendbewegung und Angehörige einzelner Burschenschaften teilgenommen. Das Nachrücken der Studentenschaft in breiterer Front ist erst auf den Lagern des Jahres 1931 erfolgt.

Zusammentreffen der bündischen Jugend mit der Erwachsenenbildung in Schlesien

Die ersten Volksgruppenlager fanden statt im Boberhaus in Löwenberg, einem Volkshochschulheim, das 1926 von der Schlesischen Jungmannschaft, einer Gruppe der freien Jugendbewegung, in enger Zusammenarbeit mit den Kräften der freien Volksbildung geschaffen worden war. In den ersten Nachkriegsjahren hatte die Volksbildungsbewegung eine plötzliche Belebung erfahren, gefördert von der fortschrittsgläubigen Haltung der neu zu politischer Verantwortung gelangten Schichten, aber in ihrem Hörer- wie Lehrerbestand oft unkritisch gegenüber dem Schwergewicht der neuen Aufgaben und befangen in Idealvorstellungen der Vorkriegszeit, so daß ihre besten Kräfte und die zu selbständigem Denken erzogenen Besucher vor allem aus der jungen Generation sich enttäuscht abwandten und nach neuen Formen suchten. Auf der einen Seite vollzog sich die Absplitterung der bewußten Funktionärsausbildung, z. B. in den Gewerkschaftsschulen, aber auch in anderen politischen oder berufsständischen Gruppen, auf der anderen Seite wurde versucht, die „neutrale" Bildungsarbeit aufrechtzuerhalten und in umfassender, zeitentsprechender Weise neu zu begründen. In dieser Richtung etwa lag die Arbeit der „Deutschen Schule für Volksforschung und Erwachsenenbildung". In Schlesien trafen der politische Gestaltungswille der freien Jugendbewegung und der Rat von Männern aus diesem Kreis der Volksbildungsarbeit aufeinander. Das Ergebnis war die Gründung des Boberhauses, in dem die — meist aus Studenten bestehende — Jungmannschaft als Trägerin die Mittelstellung offen hielt zwischen den sich im Grenzland Schlesien besonders verfestigenden Fronten der Wirtschaftsmächte, Parteien und Konfessionen. Dementsprechend war das Zusammentreffen von Jugend aus verschiedenen

Volksgruppen von Anfang an eine Hauptaufgabe des Hauses gewesen. Für ihre bewußte Zusammenarbeit in der Form des Arbeitslagers, das als bündische Veranstaltung bereits 1927 in Löwenberg erprobt worden war, kam zu diesen gegebenen Voraussetzungen noch ein entscheidender Anstoß von außen.

Der äußere Anstoß

In der wirtschaftlichen Aufschwungstimmung und verhältnismäßigen politischen Friedlichkeit des Jahres 1927 hatten einige Berichte über die Notlage der Bevölkerung im niederschlesischen Industriegebiet um Waldenburg, Neurode, Landeshut in der Oeffentlichkeit Aufsehen erregt und zu behördlichen Gegenmaßnahmen Anlaß gegeben. Da aber die Ursachen nicht in einer zeitweiligen Verschlechterung normaler Verhältnisse zu suchen waren, sondern in einer seit Jahrzehnten vor sich gehenden Standortentwertung dieses Gebietes im Rahmen der deutschen Industriewirtschaft, das vor kaum 100 Jahren noch der Schauplatz des schlesischen Weberelends gewesen war, erwiesen sich auch die gesellschaftlichen Fronten so versteift und die menschliche Grundlage allen Zusammenlebens so hoffnungslos überlastet, daß eine Hilfe sich nicht allein in wirtschaftlicher Aufbesserung erschöpfen konnte, sondern als gesellschaftliche und sozialpädagogische Aufgabe zugleich gelöst werden mußte. Deshalb wurde aus verantwortungsbewußten Menschen aller Berufe und Parteien eine Arbeitsgemeinschaft zusammengerufen, die im Oktober 1927 im Boberhaus zusammentrat[1]). In diesem Kreis wurde auch der Beschluß gefaßt, das Problem dieser Industrienot zur Aufgabe eines Arbeitslagers zu machen und dadurch die Jugend dieses Gebietes auf die Aufgabe einer Neuordnung vorzubereiten.

Der Verlauf[2])

Das erste Lager

Das erste dieser Arbeitslager fand nach umfangreichen Vorbereitungen vom 14. März bis 1. April in Löwenberg statt. Unter den 105 ständigen Teilnehmern bildeten die größte Gruppe 46 Arbeiter, überwiegend aus dem niederschlesischen Industriegebiet, weiterhin waren dabei 39 Studenten, 8 Jungbauern, 6 Angestellte und 6 Berufspädagogen. Die Arbeiter gehörten überwiegend der Sozialistischen Arbeiterjugend an, von den Studenten waren 28 Mitglieder der Schlesischen Jungmannschaft, auch die übrigen stammten aus Kreisen der Jugendbewegung.

Aufgabenstellung

Das Lager stand unter einem *einheitlichen Thema*; an die Verhältnisse des Waldenburger Reviers anknüpfend, galt die Arbeit

[1]) Den Anstoß zu dem Plan gab Graf H. J. v. *Moltke* in Creisau, er wurde von ihm in Zusammenarbeit mit Prof. *Rosenstock*, Breslau, einigen seiner Mitarbeiter und dem Leiter des Boberhauses, H. *Dehmel*, ausgeführt.

[2]) Ueber diese wichtige Etappe in der Geschichte der Arbeitslager liegt eine eingehende Berichterstattung vor in dem Buch „Das Arbeitslager", Berichte aus Schlesien von Arbeitern, Bauern, Studenten. Herausgegeben von *Eugen Rosenstock* und *Carl Dietrich* v. *Trotha*. Jena 1931.

den „Lebensformen in der Industrie". Auch in der Methode trat insofern eine Neuerung ein, als zur Untermauerung der geistigen Aufgabe zwei durchlaufende Vortragsreihen von den beiden Leitern der geistigen Arbeit des Lagers, Prof. Rosenstock und Prof. Reichwein, gehalten wurden. Die von Prof. Rosenstock gehaltenen Vorträge behandelten „das Werden der Stände des Bauern, des Handwerkers und des Arbeiters als der Dienststände innerhalb der Arbeitsverfassungen des Klerikalismus, des Feudalismus und des Kapitalismus[1])". Prof. Reichwein gab einen Ueberblick über die Einbettung der heutigen schlesischen und deutschen Wirtschaftsprobleme in größere Zusammenhänge. In Verbindung mit den Themen der Vorträge wurden vier Arbeitsgemeinschaften gebildet, die nach zehntägigem Arbeiten aufgelöst und in drei neue umgebildet wurden.

Die Werkarbeit betrug 4 Stunden am Tag; sie umfaßte Mauerbau und Erdarbeiten im Terrassengarten des Boberhauses, Holzhacken und Hausarbeit; Frost und Schneewetter erzwangen mitunter eine Verkürzung. Für das innere Leben des Lagers war die Anwesenheit der Studenten aus der Jungmannschaft von großer Bedeutung, weil sie — im Anfang als einzige Gruppe — die Verantwortung für die Gestaltung übernahm und dabei das Vertrauen der anderen hatte[2]). Die Mitarbeit der Lagergesamtheit verdichtete sich im Laufe des Lagers so weit, daß die Führung von den anwesenden Aelteren auf die Sprecher der Belegschaft übertragen werden konnte. Auch die Verantwortung für die Fortführung der begonnenen Arbeit übernahm das Lager selbst, indem es 16 Beauftragte wählte, die die Vorbereitung für das kommende Jahr leisten sollten.

Infolge seiner Entstehungsgeschichte aus der „Löwenberger Arbeitsgemeinschaft" heraus war das Lager von vornherein in einen größeren Zusammenhang gestellt und das Interesse weiter Kreise der Oeffentlichkeit geweckt worden. Diese Anteilnahme fand ihren sichtbaren Ausdruck in einer „Führerbegegnung", die gegen das Ende der Lagerzeit stattfand und etwa 80 Männer und Frauen des geistigen und wirtschaftlichen Lebens in einer bewußten Gegenüberstellung von junger und alter Generation zusammenführte. Das Lager trat ihnen als Einheit gegenüber und berichtete über seine Arbeit und seinen politischen Willen in sechs Leitsätzen, die Reformen auf dem Gebiete des Berufsschulwesens und vor allem Freizeit für die werktätige Jugend und Aus-

[1]) Vgl. den Bericht von Eugen Rosenstock in „Freie Volksbildung", Jahrgang 3, Seite 217 ff.

[2]) Die Rolle der Trägergruppe ist auch auf den weiteren Lagern der Jungmannschaft zugefallen. So hebt Prof. Rosenstock in einem Beitrag zum „Jahrbuch für Erwachsenenbildung", 2. Folge, Stuttgart 1930, der einen Bericht über das zweite Lager enthält, die „besondere seelische Tragfähigkeit dieses unintellektualisierten, schweigekräftigen Stoßtrupps" hervor, ferner, daß „die Mittelgruppe der reinen Jugendbewegung das Lager menschlich ermöglicht" hat.

gestaltungsmöglichkeiten der Freizeit in der Art des Arbeitslagers forderten.

Das zweite Volksgruppenlager im März 1929 brachte eine Verkleinerung des Teilnehmerkreises auf 83, aber dafür eine sorgfältigere Auswahl und eine ausgewogenere Zusammensetzung der Hauptgruppen. 31 Arbeiter und Handwerker, 23 Bauern und 29 Studenten waren der Werbung gefolgt.

Aufgabe des zweiten Lagers

Die Arbeit dieses Lagers wandte sich den gesellschaftlichen Fragen des flachen Landes zu, die etwa in dem Stichwort „Entvölkerung Schlesiens" zusammengefaßt wurden. Die durchgehende Vorlesung wurde beibehalten; Prof. Rosenstock las über die Ordnung des schlesischen Landvolkes in geschichtlichem Aufbau. Stärker als auf dem ersten Lager trat dagegen der Einzelvortrag von Sachkennern in den Vordergrund, die zu Einzelproblemen des Lagerthemas sprachen: Gutsherren, Siedlungsfachleute, Verwaltungsbeamte, Bauernbildner. Daneben bewährten sich wiederum die Arbeitsgemeinschaften, von denen in der ersten Hälfte vier, in der zweiten Hälfte zwei gebildet wurden. Das einfache Mittel der wechselseitigen Lebenslaufschilderung brachte eine anschauliche Erfahrungsgrundlage als Voraussetzung für das gegenseitige Verständnis.

In die Lagermitte fiel wiederum eine Begegnung mit Führern der älteren Generation, denen das Lager von seiner Arbeit berichtete, und die miteinander vor dem Forum der Jungen über der Lagerarbeit nahestehende Aufgaben diskutierten. Auf eine programmatische Ansprache wie in den Leitsätzen des ersten Lagers wurde verzichtet; dieser Versuch ist auch weiterhin nicht wiederholt worden. Dagegen gelang es stärker als im ersten Lager, durch einen improvisierten Festabend die Gäste in die Fröhlichkeit und Aufgeschlossenheit der Belegschaft einzubeziehen.

Die Improvisationen standen auf diesem Lager stärker im Vordergrund als die musischen Uebungen. Die Werkarbeit konnte den ihr zukommenden Platz nicht einnehmen, weil harter Frost die Außenarbeiten erschwerte und Erdarbeiten unmöglich machte. Der zum Ausgleich stärker hervortretende Sport erwies sich als ein nicht zureichender Ersatz, weil ihm das sachliche Schwergewicht der Werkarbeit abging. Die Lagerführung lag vom Beginn an bei einem Arbeiter, einem Bauern und einem Studenten aus der Vorbereitungsgruppe; sie ergänzten sich durch gewählte Gruppenvertreter zum Lagerrat, während die anwesenden Aelteren nur beratende Funktionen ausübten. Die Selbstverwaltung war mithin durchgeführt, und sie bewährte sich. Am Schluß faßte eine zweitägige Gebirgswanderung, z. T. auf Schneeschuhen, noch einmal die Lagermannschaft zu einer gemeinsamen Leistung zusammen.

Teilnahme von Mädchen im dritten Lager

Auf dem dritten Arbeitslager im März 1930 waren zum ersten Male auch Mädchen und Frauen in allen Gruppen zur Teilnahme herangezogen worden. Unter den 96 Teilnehmern — wieder zu je einem Drittel etwa Arbeiter, Bauern und Studenten — waren 29 Mädchen. Diese Erweiterung ist allgemein in den Lagerkritiken als eine Bereicherung empfunden worden. Die Grenzen zwischen den Gruppen waren schärfer gezogen als auf den früheren Lagern; so fanden fast täglich „Fraktionssitzungen" der Arbeiter, aber auch der Bauern statt. Auch die Lagerleitung wurde anders zusammengesetzt, indem Vertreter der einzelnen Quartiere — sie lagen z. T. außerhalb des Boberhauses — den Lagerrat bildeten, ergänzt durch die ständig anwesenden älteren Referenten.

Lagerthema

Das Lagerthema war nicht landschaftlich bestimmt wie bei den ersten Lagern; es hieß: Die Gefährdung der jungen Generation durch die Umschichtung der Berufe. Für die wiederum stattfindende Sondertagung mit führenden Vertretern der älteren Generation wurde das Thema zugespitzt auf: Die Gefährdung der jungen Akademiker. In der Arbeitsweise stand wiederum die durchgehende Morgenvorlesung neben Einzelreferaten und Arbeitsgemeinschaften; dem Thema entsprechend konnte die Erfahrung der Teilnehmer selbst aufs stärkste zur Grundlage der Arbeit gemacht werden. Die Werkarbeit bewies erneut ihre bindende Kraft; die Arbeitsobjekte waren ähnlich wie in den ersten Lagern. Der bewußten Formung des Tageslaufs und den musischen Uebungen wurde besondere Aufmerksamkeit gewidmet; Musik und Tanz standen dabei im Vordergrund. Wie in den vergangenen Jahren wurde auch der Improvisation Raum gelassen: das Fest auf der Sondertagung, die Abende der einzelnen Lagergruppen, eine öffentliche Veranstaltung in der Stadt und eine gemeinsame Wanderung am Lagerende halfen wiederum den inneren Zusammenhalt der Lagermannschaft fördern.

Die Ausbreitung der Arbeitslager nach Norddeutschland

Das schlesische Beispiel

Die Norddeutschen Arbeitslager sind nicht aus Samen gezogen, sie sind aus Ablegern verpflanzt worden. Zwei Studentinnen aus Lüneburg waren von dem, was sie auf dem 3. Schlesischen Arbeitslager erlebt hatten, so begeistert, daß sie den Entschluß faßten, in Norddeutschland ein Lager durchzuführen. Ostern 1930 entstand in Lüneburg ein kleiner Arbeitskreis, der sich vorwiegend theoretisch mit der Möglichkeit eines Arbeitslagers in Norddeutschland beschäftigte. Erst als drei Kieler Studenten, ebenfalls Teilnehmer des 3. Schlesischen Arbeitslagers, die Sache der Norddeutschen Arbeitslager zu der ihren machten, gewann das Ganze Gestalt.

Andere Voraussetzungen

Die Arbeitslager sind in Norddeutschland nicht von der bündischen Jugend getragen worden, obwohl einzelne ihrer Mitglieder mitgestalten halfen. Wie früher vieles, was zum Lebensstil der Jugendbewegung gehört hatte, von der gesamten Jugend übernommen worden war, nicht weil es von der Jugendbewegung erfunden, sondern weil es gut war und sich bewährt hatte, so ist auch diese Form menschlichen Zusammenlebens, die zuerst in der bündischen Jugend erfunden wurde, auf dem Wege, zum Allgemeingut der deutschen Jugend zu werden. Es fehlten auch die günstigen Voraussetzungen des Boberhauses, seine Legitimation gegenüber den Behörden, seine Werbemöglichkeit in der Landschaft und seine Geeignetheit als Ort für die Unterbringung eines Arbeitslagers.

Der Gedanke der Arbeitslager war noch nicht weit über Schlesien hinausgedrungen. Es war die erste Aufgabe, einen Kreis im öffentlichen Leben stehender Menschen zu werben und für die Mitträgerschaft des Arbeitslagergedankens in Norddeutschland zu gewinnen. Mit einigen Dozenten der Christian-Albrecht-Universität in Kiel und einigen Persönlichkeiten des öffentlichen Lebens in Schleswig-Holstein wurde ein Verein gegründet, von dem zunächst nur der Name eindrucksvoll war: der „Bund der Freunde und Förderer der Arbeitslager für Arbeiter, Bauern und Studenten in Norddeutschland e. V."

Die Werbung für die Arbeitslager begegnete auch in Norddeutschland wie vor drei Jahren in Schlesien zunächst völliger Verständnislosigkeit. Wer eine solche Zeit intensivster Werbung auf dem Lande, bei Behörden, bei Arbeitern und Angestellten mitgemacht hat, der weiß, daß der Werbende zuletzt aus dem Schlaf spricht, was er allzuoft wiederholen mußte: was Arbeitslager sind, was sie wollen, warum sie durchgeführt werden. Diejenigen, die das erste Norddeutsche Lager vorbereiteten und durchführten, haben sich immer als Lehrlinge der Schlesier gefühlt. Sie haben an sich erfahren, daß die Führung eines Lagers theoretisch nicht zu erlernen ist. Sie haben aber auch versucht, nicht nur nachzuahmen, sondern manches weiterzuentwickeln, wie es die anders geartete Landschaft erforderte, wie es aber auch manche kleine Unvollkommenheit der Schlesischen Lager wünschenswert erscheinen ließ.

Neue Formen

In Norddeutschland wurde zuerst die Form der G a s t l a g e r entwickelt. An drei verschiedenen Orten haben insgesamt vier Lager stattgefunden; zwei für das Frühjahr 1932 geplante Lager finden auch wieder an zwei neuen Orten statt. Die besonderen Bedingungen und Möglichkeiten der Unterbringung, der Fühlungnahme mit der umwohnenden Landbevölkerung, die landschaftlichen und geographischen Verschiedenheiten gaben dem einzelnen Lager das Gepräge, erforderten aber nie ermüdende und immer neue Gestaltungskraft der Lagervorbereitungsgruppen und Lagerleitung.

Was bei dem letzten Lager in Schlesien Versuch gewesen war, und ein bei der Lagerkritik hart umkämpfter Versuch: die Teilnahme von Mädchen am Arbeitslager, wurde in Norddeutschland als Regel für die Zusammensetzung der Teilnehmer angenommen. Auf allen Norddeutschen Lagern waren 1/4 bis zu 1/3 der Teilnehmenden Mädchen.

Viel voraussetzungsloser als in Schlesien sind die Lager in Norddeutschland gewachsen. Sie haben sich gegen stärkste Widerstände durchsetzen müssen und haben sich um so stärker der reinen Idee der Arbeitslager verpflichtet. Aus einem Gegeneinander ein Miteinander zu machen und solche zu finden, denen das Wort „Führung" nicht ein Kitzel für ihre Eitelkeit ist, sondern eine Aufgabe und eine Verantwortung vor den anderen, das erschien dem allmählich erwachsenden Trägerkreis in Norddeutschland als Hauptaufgabe.

Die einzelnen Lager

Das erste Norddeutsche Arbeitslager entstand im September-Oktober 1930 in Isenhagen-Hankensbüttel (Lüneburger Heide) und hatte etwa 100 Teilnehmer. Bei der Vorbereitung aller Norddeutschen Lager ist mit ganzem Einsatz um die Teilnahme von Bauern am Lager geworben worden. Erst auf dem vierten Lager hat man endgültig auf ihre Teilnahme verzichten müssen. Auf dem ersten Lager erschienen sie nachmittags, um an Arbeitsgemeinschaften und Abendveranstaltungen teilzunehmen. Die körperliche Arbeit des Lagers bestand in der Kultivierung eines Stück Moorlandes. Die männlichen Teilnehmer wohnten in einer neuerbauten Jugendherberge, die Mädchen gesondert im Ort. Der Tageslauf lehnte sich an das in Schlesien Erprobte an, nur konnte die Arbeitszeit auch bei strengem Wetter stets auf vier Stunden gehalten werden und bekam so erst ihren Charakter als starker Grundakkord des Lagerlebens.

Im Frühjahr 1931 fanden zwei Norddeutsche Lager statt. Eines in Rickling bei Neumünster (Schleswig-Holstein) vom 28. Februar bis 20. März und ein weiteres in Marienau bei Dahlenburg (Hannover) vom 29. März bis 19. April. Das erste Frühjahrslager war ein Lager im Schnee. Die Unterbringung erfolgte in den leerstehenden Räumen eines ehemaligen Fürsorgeerziehungsheimes. Es hatte nur 60 Teilnehmer. Da diese 60 infolge der Ungunst der Witterung (bis zu 14 Grad Kälte) zum Zusammenleben auf verhältnismäßig engem Raum gezwungen waren, so wurde das Ganze eine große Familie. Starke politische Gegensätzlichkeiten retteten das Lager davor, spannungsarm und zu „gemütlich" zu werden. War das Hauptthema der geistigen Arbeit auf dem ersten Lager „Mensch und Arbeit in unserer Zeit", so hieß es in den beiden Frühjahrslagern „Was kann die Stadt dem Land, das Land der Stadt geben?" Auch hier waren wieder Bauern Gäste des Lagers. Eine auch in Schlesien bekannte Form der Abendveranstaltungen wurde erweitert und ausgebaut: Die naive Kunst des Erzählens erhielt wieder ihren volkstümlichen Charakter, kam ganz zu Recht in Darstellungen von 8—10 Lagerteilnehmern an einem Abend etwa zu den Themen: Reisen und Wandern, große, mittlere, kleine Städte, vom Grant, Kohldampf und anderen „schönen Dingen". Schnee und Kälte machten die Arbeitsbeschaffung schwierig. Es handelte sich zumeist um Erdarbeiten und landwirtschaftliche Zusatzarbeiten (Umschaufeln eines Komposthaufens u. dgl.). Das dritte Lager fand in einem Landschulheim statt, das sich durch gute Unterbringungsmöglichkeiten und schlechte Küche auszeichnete. Hier versuchte man sich beim Wegebau, am Bau eines Sportplatzes und kleinen Zusatzarbeiten im Garten. Gastreferenten, die auch die ersten beiden Lager bereichert hatten, waren auf diesem Lager so zahlreich, daß eine starke Diskussionsmüdigkeit sich bemerkbar machte. Eine Wanderung in die Göhrde an den in die Lagerzeit fallenden Ostertagen und eine Diskussion mit etwa 60 Bauern aus der Umgebung des Lagers waren besondere Ereignisse[1]).

Der Vormarsch der Arbeitslagerbewegung im Jahre 1931

Die neuen Voraussetzungen

Der freiwillige Arbeitsdienst

Das Jahr 1931 hat die Arbeitslagerbewegung durch die gesetzliche Regelung des freiwilligen Arbeitsdienstes vor eine neue Situation gestellt und ihr zugleich Möglichkeiten zu einer starken Ausbreitung gegeben. Die Quellen dieser gesetzlichen Regelung sind andere als die, aus denen die Lager der Bünde und die Volkslager in Schlesien und Norddeutschland entstanden waren. Die ungeheuer wachsende Not der Erwerbslosigkeit und ihre Gefahren für die werktätige Jugend waren der entscheidende Anlaß gewesen. Aber mit der Notverordnung vom 5. Juni 1931[2]) war zunächst nur ein äußerer Rahmen geschaffen, und viele Kräfte waren bemüht, ihn auszufüllen. Unter ihnen hat auch die junge Arbeitslagerbewegung nicht gefehlt; sie ist beispielgebend für viele Träger von Veranstaltungen des freiwilligen Arbeitsdienstes geworden und in vielen Landschaften haben sich neue Trägergruppen gebildet, die in Verbindung mit den früheren Veranstaltern von Arbeitslagern traten. Diese Frontverbreiterung ist vor allen Dingen dem starken Einsatz der studentischen Jugend zu verdanken, die an vielen, besonders den süddeutschen Hochschulen die Veranstaltung vorbildlicher Arbeitslager in Angriff nahm, alle Hindernisse aus dem Wege zu räumen verstand und im Laufe des Sommers und Herbstes 1931 mannigfache Versuche erfolgreich durchführte, um die Erfahrungen der bisherigen Lagerarbeit den veränderten Zeitumständen entsprechend in den freiwilligen Arbeitsdienst einzuordnen.

Die bisherigen Formen

Die bisherige Durchführung des freiwilligen Arbeitsdienstes zeigt mannigfache Formen, die aber nicht immer die Möglichkeiten ausschöpfen, die gegeben sind, wenn die junge Generation selbst diese Arbeit zu der ihrigen macht. Wenn auch im ganzen Reich bereits Hunderte von Veranstaltungen des freiwilligen Arbeitsdienstes in Angriff genommen worden sind, so kann anderseits nicht verkannt werden, daß

[1]) Ueber das vierte Lager im Herbst 1931 vgl. S. 21.

[2]) Siehe Anhang, Anlage 11.

viele von ihnen allzu stark den Charakter primitiver Notmaßnahmen hatten, als daß sie für die Weiterentwicklung richtunggebend sein könnten. Damit soll nicht gesagt sein, daß diese Arbeit überflüssig gewesen wäre; jede Möglichkeit, jugendlichen Erwerbslosen Arbeit zu geben und ihnen ihre furchtbare Lebenslage erträglicher zu machen, ist zu begrüßen. Aber wenn der freiwillige Arbeitsdienst zu einer bleibenden Institution werden soll, dann muß sich ein fester und verantwortlicher Trägerkreis allmählich herausbilden und gewisse Grundformen müssen überall für die Durchführung verbindlich gemacht werden. Es kommt alles darauf an, in welchem Geiste jetzt diese künftigen Formen entwickelt werden, besonders wenn man berücksichtigt, daß die politische Entwicklung auch bei einem Nachlassen der drückenden Erwerbslosigkeit die Aufrechterhaltung irgendwelcher Formen einer Zusammenfassung der jungen Mannschaft wahrscheinlich macht.

Der bisher am häufigsten vorkommende Typ des von Kommunen eingerichteten Arbeitsdienstes, der lediglich eine mehrstündige Beschäftigungsmöglichkeit vorsieht, ohne gemeinsames Wohnen, z. T. ohne gemeinsame Verpflegung und ohne irgendwelche pädagogische Erfassung, wird sich institutionell kaum auswirken können[1]). Sonst sind die von großen Verbänden durchgeführten Lager, in denen eine größere Arbeitsaufgabe in Angriff genommen worden ist und Unterbringung und Verpflegung gemeinsam erfolgt, bisher am meisten bekannt geworden, so z. B. die Lager des Jungdeutschen Ordens (Bautzen) und der freiwillige Arbeitsdienst Sennelager bei Paderborn, der von evangelischen und katholischen Organisationen gemeinsam durchgeführt wird. In den meisten dieser Fälle bestand die Belegschaft ausschließlich aus Erwerbslosen und die Werkarbeit dauerte 7—8 Stunden.

Einbau der Arbeitslager-erfahrungen

Demgegenüber übernahmen die von einigen süddeutschen Studentenschaften und den alten Trägern der Lagerbewegung durchgeführten Veranstaltungen bewußt wichtige Elemente aus der bisherigen Uebung der Volkslager; so wurde in allen diesen Fällen eine Mischung der Belegschaft aus Gruppen von Arbeitern und Studenten, wo es möglich war, auch Bauern, vorgenommen. Ferner wurde auch dort, wo die Werkarbeit gegenüber dem bisherigen Brauch stärker in den Vordergrund gerückt wurde, der in sich geschlossene Lagerablauf aus Werkarbeit, geistigem Leben und bewußter Freizeitgestaltung aus den Volkslagern nach Möglichkeit zur Grundlage gemacht. Es ist dabei besonders zu betonen, daß alle diese Versuche, die im folgenden geschildert werden sollen, durchaus eine eigene Leistung der jungen Gene-

[1]) Ebenso wird die Unterbringung einzelner durch den freiwilligen Arbeitsdienst wohl eine reine Notmaßnahme bleiben. In richtiger Erkenntnis der Unzulänglichkeit dieser Form versucht der „Stuttgarter Bund für freiwilligen Arbeitsdienst" die Einzelvermittlung für junge Ingenieure mit den Lagern des Arbeitsdienstes institutionell zu verknüpfen.

ration darstellen, und daß die für die Weiterarbeit notwendige organisatorische Verfestigung erst im Laufe der Arbeit entstand, im Gegensatz zu zahlreichen zentralen Organisationsversuchen auf diesem Gebiet, wo viele Interessenten und Organisationen auch aus der alten Generation auf der einen Seite, jugendliche Arbeitsdienstwillige auf der anderen Seite stehen, und wo die lebendige Mittlerschicht einer einsatzbereiten jungen Trägergruppe meist fehlt.

Für die innere Einheit der Arbeitslagerveranstaltungen des Jahres 1931 war es wichtig, daß im Juni in Karlsruhe eine Tagung stattgefunden hatte, auf der neben den bisherigen Lagerträgern aus Schlesien und Norddeutschland, der Deutschen Schule für Volksforschung und Erwachsenenbildung und dem Deutschen Studentenwerk, das die Veranstaltung einberufen hatte, die Studentenschaften vertreten waren, die im Herbst des gleichen Jahres in Süddeutschland und in Oberschlesien Lager veranstalteten. Das Ergebnis dieser Tagung war u. a. die Gründung eines vorläufigen zentralen Ausschusses für Arbeitslager, dessen Federführung beim Deutschen Studentenwerk lag.

Die einzelnen Lager

Volkslager der bisherigen Art

Entsprechend diesen neuen Voraussetzungen ergab sich eine Vielfalt von *Arbeitslagertypen*. Zunächst einmal wurden die bisherigen Formen des Verbandslagers und des Volkslagers ohne Inanspruchnahme der Bestimmungen über den freiwilligen Arbeitsdienst weitergeführt. Es fanden im April wiederum ein Bundeslager der „Deutschen Freischar" in Frankfurt a. d. Oder statt, ferner im Herbst je ein Volkslager in Schlesien und Norddeutschland und nach ihrem Beispiel ein Arbeitslager in der Nähe von Berlin und eines in Hessen, bei deren Durchführung Mitarbeiter aus dem Schlesischen Arbeitslagerkreis führend Anteil nahmen.

Norddeutschland

Das 4. *Norddeutsche Arbeitslager* war vom 19. 9. bis 10. 10. wiederum in Rickling bei Neumünster. Ursprünglich waren zwei Lager vorgesehen, die aber aus Mangel an Mitteln zu einem zusammengeschlossen werden mußten. Daraus ergab sich eine Teilnehmerzahl von 120, von denen wiederum ¼ Mädchen waren. Der Tageslauf blieb derselbe wie früher, er hatte sich bewährt und es bestand kein Anlaß, dieses Erfahrungsgut zu verändern. 4 Stunden am Vormittag wurde gearbeitet; es gab in der Hauptsache landwirtschaftliche Zusatzarbeiten zu leisten, Garten umgraben, Unkraut jäten, einige größere Erdarbeiten, Holz sägen und Hilfe in der Kartoffelernte. Gemäß der Tradition der Norddeutschen Lager war die Hauptabsicht wiederum Erziehung durch intensives Zusammenleben der Teilnehmerschar. 6 Arbeitsgemeinschaften arbeiteten eifrig über dem Lagerthema: der einzelne und die Gemeinschaft. Sehr weit gespannt und bunt waren wiederum die Themen der Abende. Daß wenig Gäste kamen, war kein Nachteil, weil die Lebendigkeit des Lagerlebens stark genug war, um in Erzählabenden, ernsthaften Diskussionen, belehrenden Abenden und fröhlichen Festen die Lagergemeinschaft für alle greifbar entstehen zu lassen. Bauern konnten dieses Mal nicht teilnehmen. Nach den bisherigen Erfahrungen bei Herbstlagern hatte man von Anfang an auf ihre Mitarbeit verzichten müssen.

Schlesien Das 4. Schlesische Volkslager fand wiederum im Boberhaus statt und dauerte vom 10.—30. September. Von den etwa 60 Teilnehmern waren der größte Teil Erwerbslose, Arbeiter und Angestellte, ⅓ Studenten, während der Jahreszeit entsprechend Bauern nicht vertreten waren. Die Werkarbeit wurde auf dem Gelände des Boberhauses geleistet; sie bestand in Garten- und Erntearbeiten und Umbau einiger Nebengebäude. Die Arbeitszeit betrug 4—5 Stunden. Das Thema der Referate und Aussprachen war der Umfrage des Deutschen Studentenwerks entnommen: „Wo findet die deutsche Jugend neuen Lebensraum[1])?“ Nach der im Boberhaus mehrfach erprobten Methode ordnete man Referate vor dem Plenum und Aussprachen in kleineren Arbeitsgemeinschaften nebeneinander. Die ersten Vorträge zeigten die Entwicklung der industriellen Gesellschaft, zogen Vergleiche mit Lebensraumproblemen in früheren Produktionsverhältnissen und schärften damit den Blick für die gegenwärtige Situation. Die folgenden Referate behandelten die allgemeinen Voraussetzungen einer neuen Raumgewinnung im tatsächlichen Sinne des Wortes (Agrarstruktur, ländliche Bevölkerungsverteilung Deutschlands, Siedlung). Ganz ausführlich wurden die Lösungsmöglichkeiten der verschiedenen Arbeitsdienstversuche erörtert unter Zuhilfenahme einer gründlichen Analyse des bulgarischen Beispiels, das die Schlesische Jungmannschaft in eigener Mitarbeit kennengelernt hatte.

Es kann nicht Aufgabe eines Arbeitslagers sein, Patentlösungen für die dringenden Fragen der Gegenwart vorzuschlagen. Es konnte und sollte nicht mehr erreicht werden, als daß jeder einzelne einen lebensnahen Einblick in die gegenseitige Bedingtheit der verschiedenen Volksgruppen erfuhr und von da aus mit einer neuen Sicht der Dinge an seine nächste Tagesaufgabe heranzugehen imstande war.

Mark Eine neue Trägergruppe für Arbeitslager hatte sich in Berlin gebildet, die nach längerer Vorbereitung in Brieselang vom 27. September bis 17. Oktober das erste Märkische Arbeitslager für Arbeiter, Bauern und Studenten veranstaltete. Der Vorbereitungskreis bestand überwiegend aus Mitgliedern der Schlesischen Jungmannschaft und die Art der Durchführung des Lagers entsprach dem schlesischen und norddeutschen Beispiel. Von den 76 Teilnehmern waren 10 weibliche. Nach Berufen gliederten sie sich in 22 Arbeiter, 28 Angestellte

[1]) Vgl. die in derselben Reihe vom Deutschen Studentenwerk herausgegebene Schrift: „Wo findet die deutsche Jugend neuen Lebensraum?“ Bearbeitet von E. W. Eschmann, Verlag W. de Gruyter, Berlin 1932.

und 26 Studenten, während die immer sehr viel schwierigere Bauernwerbung beim ersten Versuch noch nicht zu Erfolgen geführt hatte. Da die meisten Teilnehmer aus der Großstadt stammten, waren die politischen Standpunkte sehr stark und gegensätzlich ausgeprägt. Die Leitung des Lagers lag in der Hand der durch Werktätige ergänzten studentischen Vorbereitungsgruppe. Die Mittel für die Durchführung wurden durch Teilnehmerbeiträge, durch Behördenzuschüsse, durch Zuwendungen eines nach dem norddeutschen Muster bei der Vorbereitung gegründeten Förderkreises für Märkische Arbeitslager und für die teilnehmenden Erwerbslosen durch Inanspruchnahme der Förderung durch den freiwilligen Arbeitsdienst aufgebracht. Die Werkarbeit bestand in der Ausbaggerung eines Sees auf dem der Stadt Berlin gehörenden Gelände des Jugendlagers, im Bau von Wegen und der Anlage eines Badestrandes. Die geistige Arbeit hatte das Gesamtthema: „Die Stellung des einzelnen zu Familie, Beruf, Klasse, Gesellschaft und Staat." Nach erprobter Methode wurde mit der Erzählung der Lebensläufe begonnen. Die Aufgabe des Leiters einer Arbeitsgemeinschaft bestand darin, aus diesen Berichten das Wichtigste herauszugreifen, um auf diese Weise zu einer klaren Gegenüberstellung der Verhältnisse in den einzelnen Gesellschaftsschichten zu gelangen. Jede Arbeitsgemeinschaft hatte ihr eigenes Gesicht. Wenn man sich auch über die Erkenntnis der gegenwärtigen Lage größtenteils einig war, so waren doch die Wege, auf denen man weiterkommen wollte, sehr verschieden. Es standen sich gegenüber eine konservative und eine sozialistische Gruppe. Außer diesen Diskussionen fanden zwei Diskussionsnachmittage über Siedlungsfragen statt. Die ländliche Dauersiedlung in Klein- und Mittelbauernstellen wurde allgemein als notwendig anerkannt. Die Stadtrandsiedlung wurde stark kritisiert, weil sie mit großen Mitteln nur eine Notmaßnahme, keine Endlösung ergeben kann. Der Schluß des Lagers, der durch einen von kommunistischer Seite ausgehenden Zwischenfall kaum gestört wurde, brachte den allgemeinen Wunsch nach baldiger Veranstaltung von neuen Arbeitslagern.

Auch in Hessen hatte sich an der Universität Marburg ein frei zusammengesetzter studentischer Kreis gebildet, der sich die Veranstaltung von Arbeitslagern nach schlesischem Muster unter starker Einwirkung der Gedanken des Röngener Kreises zum Ziel gesetzt hatte. Nach langer Vorbereitung, die besonders der zunächst erfolglos gebliebenen Bauernwerbung gegolten hatte, fand das erste Hessische Arbeitslager im September 1931 in der Heimvolkshochschule Habertshof bei Schlüchtern statt. Die tägliche Werkarbeit dauerte 4 Stunden und bestand in Rodearbeiten auf dem Gelände des Habertshofes. Im Mittelpunkt des Lagerlebens standen die Arbeitsgemeinschaften mit dem gemeinsamen Thema: Arbeitslosigkeit und Selbsthilfe. Trotz der starken vorhandenen Gegensätze waren sie die Orte, an denen Offenheit und Vertrauen zwischen allen Lagerkameraden am schönsten zum Ausdruck Hessen kamen. Neben ihnen stand eine Reihe von Vorträgen als Beiträge zu dem Thema von verschiedenen Gesichtspunkten aus. Am Schluß des Lagers wurde eine Fortführung der Arbeit von allen gewünscht. Eine Studentengruppe der Pädagogischen Akademie in Kassel sowie eine Arbeitergruppe in Frankfurt übernahmen die Vorbereitung eines Lagers für das Frühjahr 1932.

Volkslager im freiwilligen Arbeitsdienst

Neben diese Volkslager traten als neue Form die in Süddeutschland von einem Teil der Studentenschaften durchgeführten Arbeitslager im Rahmen des freiwilligen Arbeitsdienstes. Es bildeten sich zwei unterscheidbare Gruppen heraus, die bei der Ausgestaltung von verschiedenen Vorbildern ausgingen. Die von der Studentenschaft der Technischen Hochschule Stuttgart veranstalteten Lager lehnten sich eng an das Beispiel der Schweizerischen studentischen Arbeitskolonien an, die dort seit Jahren durchgeführt wurden, unter der Idee der sozialen Werkhilfe für arme Gebirgsgemeinden des Landes standen und deshalb die Werkleistung betont in den Vordergrund stellten. Bei ihrer rein studentischen Zusammensetzung war auch weniger Anlaß zu einer volkslagergemäßen Ausgestaltung gegeben. An diesen Lagern hatten seit Jahren im Austausch auch deutsche Studenten teilgenommen. Die Träger der Stuttgarter Lager hatten dieses Vorbild in ihre Arbeit übertragen, allerdings mit der einen wichtigen Veränderung, daß die von ihnen veranstalteten „Arbeitskolonien" zur Hälfte mit Erwerbslosen im freiwilligen Arbeitsdienst beschickt wurden. Demgegenüber waren für die von den badischen Studentenschaften und von Tübingen ausgehenden Lager die schlesischen und norddeutschen Erfahrungen zum Vorbild genommen worden. Zwar trat die Werkarbeit auch hier stärker hervor, zum Teil als Folge der Inanspruchnahme des freiwilligen Arbeitsdienstes für die werktätige Hälfte der Teilnehmer, zum Teil auch aus pädagogischer Absicht der Veranstalter, aber daneben stand gleichberechtigt das Bemühen um gemeinsame geistige Uebung und eine straffe und für alle verbindliche Ausgestaltung der Freizeit.

Leistung der Studentenschaften

Bei der Situation im Sommer 1931, als dem Problem des freiwilligen Arbeitsdienstes die Behörde ohne Erfahrung und höchstens mit den Mitteln der landesüblichen Fortbildungsschulung oder der Jugendpflege gegenüberstand, während gleichzeitig die Gefahr drohte, daß extreme Verbände den Arbeitsdienst zu ihrer Arena machen würden, bedeutete der Einsatz der süddeutschen Studentenschaften eine politische Leistung, weil sie es verstanden, die Notwendigkeiten des Augenblicks richtig zu deuten und durch die Arbeitslager den Arbeitsdienst in der Richtung einer gesellschaftlich einigermaßen befriedigenden Einordnung der Erwerbslosen auszubauen. Diese Leistung war der beste Beweis für die Wirkung der Arbeitslager als realpolitische Schulungsstätte; denn überall waren an der Ausgestaltung Teilnehmer früherer Volkslager oder schweizerischer Arbeitskolonien führend beteiligt. Besonders wertvoll war es auch, daß in dieser Weise nicht nur die Ausgestaltung der ersten Lager gesichert, sondern daß auch eine Weiterführung der Arbeit durch Begründung zweckmäßiger Trägerorganisationen garantiert wurde.

Die beiden Badischen Arbeitslager fanden nacheinander in Egringen bei Lörrach vom 2. August bis 1. September und vom 2. September bis 1. Oktober statt. Am ersten Lager nahmen 31 Arbeiter und 31 Studenten, am zweiten 32 Arbeiter und 20 Studenten teil. Dazu kamen noch 22 Jungbauern aus dem Ort, die bei der Werkarbeit mitmachten und auch sonst, soweit ihnen die Erntearbeit eine Teilnahme ermöglichte. Die Studenten stammten von den verschiedensten Hochschulen, überwiegend von den badischen, waren aber nach ihrer Stammeszugehörigkeit nur zum Teil Badener. Die bündische Jugend war auch hier stark vertreten. Die Arbeiter waren Erwerbslose, die von den Arbeitsämtern der badischen Städte ausgewählt und auf das Lager geschickt waren. Ihre Finanzierung erfolgte gemäß den Bestimmungen über den freiwilligen Arbeitsdienst. Nach Berufsgruppen und politischen Anschauungen gaben sie ein buntes Bild. Die Mittel für die Studenten wurden durch eigene Beiträge und durch ein Darlehn der Karlsruher Studentenhilfe aufgebracht, das durch einen Kopfbeitrag der gesamten Studentenschaft für Arbeitslagerzwecke im Wintersemester abgedeckt wurde. Die Finanzierungsmöglichkeit des Lagers war insofern erleichtert, als die Gemeinde für Unterkunft und Verpflegung sorgte als Entgelt für die sechsstündige Werkarbeit, die im Ausheben von Entwässerungsgräben auf dem Gemeindelande bestand. Baden

Für den Zusammenschluß des Lagers war es zunächst nicht von Vorteil, daß keine gemeinsame Unterbringungsmöglichkeit vorhanden war — die Teilnehmer schliefen in den beiden Wirtshaussälen des Ortes — und daß die Verpflegung dadurch geschah, daß jeweils die einzelnen Bauern einen Lagerteilnehmer in Kost nahmen. Aber gerade dieser Umstand trug im Laufe der Zeit dazu bei, daß ein gutes Einvernehmen zwischen Dorf und Lager entstand.

Das Lagerleben war nach dem Beispiel der Volkslager auf dem Grundsatz der Selbstverwaltung aufgebaut. Neben die verantwortlichen Lagerführer, die die Vorbereitung getragen hatten, trat ein Lagerrat, der aus gewählten Vertretern der Arbeitsgruppen und den Leitern der Arbeitsgemeinschaften bestand. Die Aufgliederung des Lagers in drei bzw. vier Arbeitsgemeinschaften war die entscheidende Voraussetzung für ein Gelingen. Das gemeinsame Lagerthema hieß: Aufgaben der südwestdeutschen Grenzlande. Es wurde durch eine Reihe von Vorträgen berufener Fachleute und Wissenschaftler den Teilnehmern nahegebracht. Die Arbeitsgemeinschaften behandelten allgemeinere Fragen, vor allem aus dem Gebiete der Wirtschaftsorganisation und der aktuellen Wirtschaftspolitik, aber auch einige wichtige soziologische Probleme.

Der Freizeitgestaltung wurde besondere Aufmerksamkeit gewidmet. Die Sonntage wurden zu Ausflügen nach dem nahegelegenen Basel und an den Rhein benützt. Es bildete sich ferner eine Sing- und Spielgruppe, die einige gelungene Abende und Schlußfeste ausgestaltete.

Die Beurteilung der Arbeitsleistung des Lagers und seiner Haltung war überall sehr gut. Es kennzeichnet seinen Geist, daß die Belegschaft beider Lager am Schluß einstimmig beschloß, daß solche Lager in Zukunft wieder durchgeführt werden sollten.

Württemberg
Tübinger
Arbeitslager

Das Arbeitslager der Tübinger Studentenschaft fand vom August bis zum Oktober in Münsingen statt. Es baute sich auf aus drei Etappen von je vier Wochen, dauerte also im ganzen fast ein Vierteljahr. Innerhalb der einzelnen Etappen waren in den beiden ersten Lagern 65, im dritten 40 Teilnehmer; unter ihnen etwa je zur Hälfte Tübinger Studenten und Arbeitslose, die von verschiedenen württembergischen Arbeitsämtern gemäß den Bestimmungen über den freiwilligen Arbeitsdienst ausgesucht und finanziert wurden. Im dritten Lager waren nur etwa 5 Studenten. Eine wichtige Neuerung bedeutete es, daß innerhalb der einzelnen Etappen jeweils nur die studentischen Teilnehmer wechselten, während die Erwerbslosen überwiegend drei Monate blieben. Damit war ein Weg gefunden, Arbeitslager in der bisherigen Form und längere Veranstaltungen des freiwilligen Arbeitsdienstes miteinander zu verbinden. Auf allen drei Lagern waren außerdem einige Helferinnen für den Küchendienst, unter ihnen auch Studentinnen. Die Unterbringung geschah in einer großen Baracke des leerstehenden Truppenlagers Münsingen, so daß ein geschlossenes Heimleben möglich wurde. Der Mitverantwortung aller Teilnehmer wurde dadurch Raum gegeben, daß wöchentlich eine gemeinsame Lagerversammlung alles Nötige für die Durchführung beriet und beschloß.

Die Arbeit bestand im Bau einer Waldstraße durch schwieriges Gelände. Geräte und Feldbahnen waren von der Kommandantur des Truppenübungsplatzes zur Verfügung gestellt. Die Arbeitszeit betrug sechs Stunden; dazu kam noch ein fast zweistündiger Weg zwischen der Unterkunft und dem Arbeitsplatz. Die Arbeitsleistung war trotz schlechter Witterung ausgezeichnet.

Zur Ausgestaltung der Freizeit, auf die nachdrücklicher Wert gelegt wurde, gab es einen wöchentlichen Vortragsabend von auswärtigen Gästen und fortlaufende Gruppenaussprachen. Die eigentlichen Grundlagen des gemeinschaftlichen Lebens waren die gemeinschaftsbildenden Uebungen und Gebräuche. Es entwickelten sich feste Tischsitten mit Tischspruch, morgendlicher Lesung und Feier. Musikübung unter erfahrener Führung stand stark im Vordergrund. Regelmäßig wurden Abende mit Gästen des Ortes veranstaltet und am Schluß jeder Etappe ein öffentlicher Theater- und Gemeinschaftsabend in der Stadt mit erarbeiteten Schauspielen, mit Kammermusik, Chören und gemeinsamen Liedern.

Die Finanzierung geschah für die Erwerbslosen durch das Landesarbeitsamt, für die Studenten durch eine Umlage auf alle in Tübingen Studierenden. Dazu traten Zuschüsse des württembergischen Staates, der Universität und der Studienstiftung des Deutschen Volkes. Der Wunsch nach einer Fortführung der Arbeit war allgemein. Anfang Dezember 1931 hat bereits ein Treffen der Lagerkameraden in Tübingen stattgefunden, dessen Finanzierung durch die Einnahmen der Theaterabende auf dem Lager möglich war.

Stuttgarter Arbeitskolonien

Waren bei diesen Arbeitslagern die Erfahrungen der Volkslager für die Durchführung bestimmend gewesen, so stellte sich der freiwillige Arbeitsdienst der Stuttgarter Studentenschaft von vornherein mehr auf die mit der Erwerbslosigkeit der jungen Werktätigen, aber auch der jungen Akademiker gegebenen Voraussetzungen ein, die an der Technischen Hochschule noch stärker zu spüren sind als an den Universitäten. Die Arbeit begann am 3. August mit 56 Teilnehmern in Tempelhof bei Crailsheim; unter ihnen waren 25 Studenten, überwiegend aus Stuttgart, die übrigen waren Erwerbslose. Die Werbung geschah mit Hilfe eines Aufrufes über die Arbeitsämter, während die Studenten sich über die Hochschule meldeten.

Die Tempelhofer Kolonie dauerte 10 Wochen, sie gab etwa 180 Arbeitslosen und Studenten Beschäftigung, die in drei Etappen zu je 60 Mann auf drei Wochen einander ablösten. Die Arbeitsaufgabe bestand in einer größeren Bachkorrektion zur Entwässerung versauerter Wiesen und zum Hochwasserschutz auf dem Gebiete der Gemeinde Waldtann. Die Arbeitszeit betrug 7 Stunden. Für die technisch nicht einfache Aufgabe war die Anwesenheit der fachlich vorgebildeten jungen Ingenieure ein großer Vorteil.

Die Unterbringung erfolgte in einem leerstehenden Fürsorgeheim. Neben dem Leiter des Lagers, von dem die Initiative ausgegangen und die Vorarbeit geleistet worden war und der die Amtsinhaber des Lagers bestimmte, standen zwei Obleute, ein Arbeiter und ein Student, die von allen Teilnehmern gemeinsam gewählt wurden. Eine bewußte Freizeitgestaltung war bei der Vorbereitung nicht in Aussicht genommen worden. Trotzdem entwickelte sich ein lebhaftes und fröhliches Lagerleben. Sport wurde sehr häufig getrieben, eine Reihe gemeinsame Lieder erlernt. Auch die geistige Uebung durch gelegentliche Vorträge auf verschiedenen Gebieten und durch zeitweilig gebildete kürzere Arbeitsgemeinschaften fehlte nicht. Die Finanzierung erfolgte durch Kopfbeiträge der Stuttgarter Studentenschaft, für die Erwerbslosen durch den Förderungsbeitrag der Reichsanstalt gemäß § 139a AVAVG., durch Zuschüsse der Gemeinden als Nutznießer der Arbeit und durch Beiträge der Studentenhilfe und des württembergischen Kultusministeriums.

Da bei dem Erfolg des Tempelhofer Versuchs ein immer stärkerer Andrang zum freiwilligen Arbeitsdienst einsetzte, war es möglich, noch einige weitere Arbeitskolonien zu veranstalten, die alle nach dem Beispiel von Tempelhof errichtet wurden. Am 7. September wurde in Ellwangen eine Kolonie eingesetzt, deren Arbeitsobjekt die Aufschüttung eines Staudammes zur Unterstützung eines unzureichenden Pumpwerkes war; sie war zunächst auf vier Wochen begrenzt, wurde aber später auf Wunsch der Ackerbauschule, für die die Arbeit geleistet wurde, sowie der Teilnehmer an der Kolonie um weitere sechs Wochen verlängert. Im Oktober wurde noch eine kleinere Kolonie von 8 Erwerbslosen und Studenten auf 14 Tage in Rohrau zum Umbruch einer größeren Riedfläche eingerichtet. Schließlich wurde der Versuch gemacht, die Arbeit auch über den Winter aufrechtzuerhalten und zu diesem Zweck auf Schloß Solitude zusammen mit der Technischen Nothilfe am 9. November eine neue Kolonie eingesetzt zur Errichtung eines Holzabfuhrweges, die drei Monate dauerte. Da diese Arbeit während des akdemischen Semesters weiterging, konnten Studenten daran nicht teilnehmen. Dafür wurde ein Ausgleich geschaffen durch die Mitarbeit einer Anzahl erwerbsloser Diplom-Ingenieure. Die Finanzierung geschah überall in ähnlicher Weise wie bei der ersten Kolonie in Tempelhof.

Leipziger Studentenlager in O.-S.

Ein auf ganz anderen Voraussetzungen beruhender Versuch war das **Arbeitslager der Leipziger Studentenschaft** in Oberschlesien vom 8. August bis 5. September 1931. Die Teilnehmer waren 180 Studenten der Leipziger Universität, die sich die Aufgabe gestellt hatten, für die Gemeinden Teschenau, Militsch und Jakobsdorf im Kreis Cosel einen größeren Bach, die Straduna, zur Vermeidung von Hochwasserschäden zu regulieren. Diese Arbeit, die mit Absicht **im Grenzlande** Oberschlesien ausgewählt war und armen Bauerngemeinden zugute kam, stand im Vordergrund des ganzen Lagerlebens. Die Arbeitszeit betrug 6—7 Stunden am Tag. Das Wetter war dem Lager nicht günstig; trotzdem war die Arbeitsleistung gut.

Bei einem Vergleich mit den bisherigen Lagertypen läßt sich der Leipziger Versuch noch am nächsten mit den Verbandslagern der bündischen Jugend in Beziehung setzen. Die **rein studentische Teilnehmerschaft** war als soziale Gruppe in sich gleichartig und die Spannung konnte sich nur aus der Gegenüberstellung von Korporationsstudenten, Freistudenten und Angehörigen der bündischen Jugend ergeben. Dementsprechend wurden auch für die Durchführung Formen entwickelt, die zum Teil im Gegensatz zu den Erfordernissen eines Volkslagers standen. Der Grundsatz der Führung war eine unbedingte Autokratie, die wohl einer Mitberatung, aber keiner Mitbestimmung „von unten" Raum gab. Besonderer Wert wurde gelegt auf eine soldatische Disziplin, vom gemeinsamen Flaggenaufzug bis zum Zapfenstreich. In der Freizeitgestaltung spielten die studentischen Sitten eine größere Rolle. Eine fortlaufende und im Tageslauf fest verankerte geistige Arbeit war nicht vorgesehen; aber es fanden eine Reihe von Vorträgen statt, vor allem über das Problem Oberschlesien, dessen Behörden dem Lager großes Interesse entgegenbrachten. Für die Abrundung des so gewonnenen Bildes war sehr wesentlich eine gemeinsame dreitägige Besichtigungsfahrt durch das oberschlesische Industriegebiet und an die deutsch-polnische Grenze. Zu der Bevölkerung der umliegenden Ortschaften bildete sich schnell ein gutes Verhältnis heraus. Es fand seinen Ausdruck in einem Begrüßungsabend, einem Tanzfest und einem Abschlußfest, das zu einem wirklichen Volksfest wurde. Die Finanzierung des Lagers geschah so, daß die Wassergenossenschaft, in deren Auftrage die Arbeiten durchgeführt wurden, die Kosten der Anreise und Unterkunft der Studenten sowie die Bereitstellung der Arbeitsgeräte und der Arbeitsaufsicht übernahm, während die Studentenschaft für Verpflegung, Arbeitskleidung, Schlafdecken und Versicherung sorgte. Die dafür notwendigen Mittel wurden aufgebracht durch einen Teilnehmerbeitrag von RM. 30,—, der aber zu einem großen Teil ermäßigt oder erlassen werden konnte und zusammen RM. 2500,— einbrachte, durch einen Zuschuß der Studentenschaft Leipzig und der Wirtschaftsselbsthilfe, sowie durch eine Beihilfe des Reiches aus Osthilfemitteln.

Die besondere Bedeutung dieser rein studentischen Veranstaltung lag darin, daß es möglich wurde, hier einmal Studentenschaft als Einheit zur Geltung zu bringen und sie als Gesamtheit weit über die Tagungs- und Kongreßformen der üblichen Art hinaus zu sichtbarer und wertschaffender Arbeit anzusetzen. In der studentischen Grenzlandarbeit vor allem kann das Leipziger Arbeitslager in Oberschlesien zu einem Markstein werden.

Neben den Lagern, die in diesem Bericht behandelt sind, haben einige weitere Versuche stattgefunden, die zur Vervollständigung wenigstens noch erwähnt werden sollen.

So wurden im Boberhaus in Löwenberg jeweils im Herbst 1928 und 1929 zwei konfessionelle Arbeitslager veranstaltet, die Gruppen der evangelischen und katholischen Jugendbewegung unter Mitarbeit der schlesischen Jungmannschaft einander gegenüberstellten; sie waren kürzer und umfaßten weniger Teilnehmer als die Volkslager. Ebenso fand im Boberhaus im April 1928 ein kürzeres Arbeitslager der Großdeutschen Gildenschaft mit 75 Teilnehmern statt. Einige seiner Teilnehmer aus Prag bereiteten dann im Herbst 1928 ein Arbeitslager der akademischen Arbeitsgemeinschaft für Volksbildung in Schwoika bei Böhmisch-Leipa vor, das 40 Teilnehmer auf 10 Tage zusammenfaßte. Ferner veranstaltete der „Südostdeutsche Wandervogel" nach dem Vorbild der „Deutschen Freischar" ein Arbeitslager in Siebenbürgen im Herbst 1931 und beabsichtigt weitere.

Auch in einigen ausländischen Staaten haben Veranstaltungen stattgefunden, die sich mit den hier geschilderten Formen vergleichen lassen. Am bekanntesten und beispielgebendsten sind die Arbeitskolonien des Verbandes der schweizerischen Studentenschaften, die seit 1925 in immer steigendem Umfang veranstaltet worden sind.

1931 ist diese Form der rein studentischen Arbeitskolonie auch nach Holland übertragen worden, und ebenso nach Wales, wo im notleidenden Bergarbeiterbezirk unter dem Ziel sozialer Hilfe bereits zwei Arbeitslager, z. T. in Zusammenarbeit von Studenten und erwerbslosen Bergarbeitern, stattgefunden haben.

Bei einem großen Arbeitslager in Cleveland im April 1932 haben bei der Planung auch die schlesischen Erfahrungen mitgewirkt[1]).

Die Aufgaben der Arbeitslagerbewegung im Jahre 1932

Führerschulung als erste Aufgabe

Hatte schon das Jahr 1931 eine erhebliche Erweiterung der Bewegung gebracht, so sind die Aufgaben immer größer geworden. Der freiwillige Arbeitsdienst hat einen erheblichen Aufschwung genommen, ohne daß seine Veranstaltungen zum großen Teil Arbeitslager in dem hier dargestellten Sinn waren. Auf der anderen Seite ergab sich überall dort, wo Gelegenheit und Mittel zur Veranstaltung von Lagern gewesen wären, ein spürbarer Mangel an Unterführern. Hier liegt das Kernproblem für jede Ausbreitung des freiwilligen Arbeitsdienstes; an diesem Punkt sind auch der Arbeitslagerbewegung für das kommende Jahr die wichtigsten Aufgaben gestellt.

Richtkollegs für Lagerführer und ...

Mehrere Wege sind erkennbar, auf denen die Lösung angepackt wird. So fand vom 29. Februar bis 6. März im Boberhaus in Löwenberg ein „Arbeitslagerkolleg" statt, das aus allen Landschaften Träger der bisherigen Arbeit und Interessenten für eine künftige Tätigkeit vereinigte. In Referaten und Seminaren wurden die Geschichte, die praktischen Grundlagen, die Durchführungsmöglichkeiten und die künftigen Aufgaben der Arbeitslager und des freiwilligen Arbeitsdienstes besprochen. Dieser Versuch war erfolgreich und wird auch in Zukunft wiederholt werden; notwendig ist allerdings, daß an solchen Kollegs alle Teilnehmer bereits einmal ein Lager von der Picke auf mitgemacht haben.

... Musterlager als Wege

Ein zweiter Weg ist die Veranstaltung sorgfältig vorbereiteter Volkslager als Vorbereitungsstätte für künftige Unterführer; es lag nahe, dazu diese Form zu wählen, die als kritische Position, vor allem von dem schlesischen und norddeutschen Lagerkreis, dem Lager im Rahmen des freiwilligen Arbeitsdienstes gegenübergestellt wird. Auf der anderen Seite versucht man in Schlesien, im kommenden Sommer ein Lager auf zwanzig Wochen an einer größeren Meliorationsaufgabe anzusetzen und es durch sorgfältige Vorbereitung und Ausgestaltung zu einem Prüffeld für die einer solchen Veranstaltung entsprechenden Lagerformen zu machen. Durch eine starke Beteiligung von Studenten

---

[1]) Vgl. die Schrift des Leiters dieses Lagers: „Reconstruction in Silesia" (schlesische Arbeitslager 1928—1930) by Rolf Gardiner. Selbstverlag des Anglo-German Academic Bureau, London 1930.

und festen Arbeitsgruppen aus einigen Pädagogischen Akademien hofft man, gleichzeitig neue Unterführer heranzubilden. Mit der mehr oder weniger ausgesprochenen Absicht von Schulungsveranstaltungen in diesem Sinne findet eine Reihe von Arbeitslagern in der bisherigen Art statt, so in Norddeutschland je eines in Klappholttal auf Sylt und in Cismar in Holstein, die Ende März beginnen und drei Wochen dauern sollen; ferner im März ein dreiwöchiges Volkslager im Boberhaus in Löwenberg. Der Tübinger Bund für Arbeitslager setzt seine Arbeitslager in Münsingen von Anfang März bis zum Mai fort, und der freiwillige studentische Arbeitsdienst in Stuttgart beginnt am 14. März mit einer neuen Arbeitskolonie. Neue Trägerkreise haben sich bisher gebildet in Göttingen, wo vom 1. bis 24. März ein Arbeitslager in Löwenhagen stattfindet, und in Königsberg, wo ein Lager für Arbeiter, Bauern und Studenten gleichfalls im März in dem Volkshochschulheim Rippen stattgefunden hat.

Ausbau der Organisationen

Gleichzeitig wird überall versucht, die Trägerkreise rechtlich zu fundieren und bisher noch nicht erfaßte Gruppen zur Mitarbeit heranzuziehen. Ein Beispiel dafür ist die Weiterbildung des Tübinger studentischen Heimatdienstes in den Tübinger Bund für Arbeitslager, der die bisherigen Lagerführer und Lagerkameraden, Studenten und Werktätige zu einem Bund zusammenfaßt, dem Vertreter der Dozentenschaft, der Universität, der Studentenschaft und der örtlichen Wirtschaftskörper beigetreten sind und neben dem ein Kreis der Freunde aufgebaut wird, dem alle angehören können, die den Bund ideell und materiell unterstützen wollen. Neben der Veranstaltung von Arbeitslagern bestehen die Aufgaben des Bundes außerdem in der weiteren Fürsorge für alle früheren Lagerkameraden und in der akademischen Selbsthilfe, die stellungslose Jungakademiker und Abiturienten in Arbeitslager führen und darüber hinaus ihnen zusätzliche Arbeitsstellen außerhalb der Universität vermitteln will[1]). In ähnlicher Weise und mit gleichen Aufgaben wurde der „Freiwillige studentische Arbeitsdienst in Württemberg", der an der Technischen Hochschule Stuttgart entstanden war, in den „Stuttgarter Bund für freiwilligen Arbeitsdienst" umgebildet.

Auch die badische Arbeitslagerorganisation erfuhr eine Erweiterung. Die ersten Lager waren vorbereitet worden von dem Studentischen Amt für Arbeitslager in Karlsruhe, dem Zweigstellen in Freiburg, Heidelberg und Mannheim angegliedert wurden. In Verbindung mit diesen entstanden in allen Hochschulstädten Arbeitsgemeinschaften aus Teilnehmern der ersten Lager, die sich durch Hinzutreten neuer Kräfte zu selbständigen Arbeitslagerkreisen umbildeten. Im Januar 1932 bildete sich eine Arbeitsgemeinschaft Badischer Verbände zur Durchführung von Arbeitslagern oder Arbeitsdienstkolonien. Die von ihr errichtete Beratungsstelle wird vom Badischen Arbeitslagerkreis be-

[1]) Vgl. Anhang, Anlage 10.

treut. Der Schwerpunkt dieser Arbeitsgemeinschaft liegt jedoch außerhalb der Hochschule. Die Badischen Studentenschaften haben sich zur Mitarbeit nur von Fall zu Fall bereit erklärt.

Forderungen zum Ausbau des freiw. Arbeitsdienstes

Die bisher vorliegenden Erfahrungen haben aber auf der anderen Seite gezeigt, daß der bisherige Einsatz der Studentenschaft nicht ausreichen kann, um den freiwilligen Arbeitsdienst in breiterer Front aufbauen zu helfen, wenn nicht seine gesetzliche Grundlage eine Erweiterung erfährt. Zunächst wäre zu wünschen, daß die Sonderzuschüsse des Reichsarbeitsministers für das kommende Jahr höher angesetzt werden, damit mehr Erwerbslose unter 21 Jahren ohne Unterstützungsanspruch beschäftigt werden können, ferner, daß die Berechtigung zur Förderung auf die Wohlfahrtsempfänger miterstreckt würde, indem die Bezirksfürsorgeverbände veranlaßt werden, in Fällen einer Teilnahme am freiwilligen Arbeitsdienst die bisherige Unterstützung weiterzuzahlen, und das Reich den zusätzlichen Betrag bis zur Höhe von RM. 2,— zur Verfügung stellt. Aber damit wäre noch nicht eine Möglichkeit gegeben, auch andere Schichten in den freiwilligen Arbeitsdienst mit einzubauen. Es wäre daher zu begrüßen, wenn stellungslose Akademiker ohne Unterstützungsanspruch, Studenten und Abiturienten wenigstens in gewissem Ausmaß durch Bereitstellung besonderer Reichsmittel unter gleichen Bedingungen wie die Erwerbslosen im freiwilligen Arbeitsdienst eingesetzt werden könnten[1]). Von besonderer Bedeutung für die künftige Ausgestaltung der Arbeitslagerbewegung ist die Tatsache, daß das Deutsche Studentenwerk, nachdem es bereits im Jahre 1931 die Geschäfte für den vorläufigen zentralen Ausschuß für Arbeitslager geführt hat, nunmehr einen ständigen zentralen Ausschuß[2]) für die Förderung der gesamten Arbeitslagerbewegung und des studentischen freiwilligen Arbeitsdienstes errichtet hat, dem Vertreter des Deutschen Studentenwerks, der Studentenschaft und Führer aus der Lagerarbeit angehören. Auf diese Weise hat die Arbeitslagerbewegung, soweit sie von Studenten und Jungakademikern mitgetragen wird, die unerläßliche Zusammenfassung erfahren, um die Gesamtarbeit gegenüber Behörden und Spitzenverbänden zu vertreten, den Erfahrungsaustausch zu vermitteln, für Nachwuchsschulung zu sorgen und auch die Verbindung mit ähnlichen Bestrebungen der akademischen Jugend des Auslandes zu übernehmen.

Zentrale Zusammenfassung der Bewegung

---

[1]) Das Deutsche Studentenwerk hat einen entsprechenden Antrag schon im Januar 1932 an das Reichsarbeitsministerium gerichtet. Die wachsende Erkenntnis der Bedeutung dieser Bestrebungen läßt eine Erweiterung der gesetzlichen Regelung noch im Frühsommer erhoffen.

[2]) Anschrift: Dresden, Zeitzer Str. 2.

II. Gestalt

Das Bild des Arbeitslagers

Wenn nach den Berichten über die bisherige Entwicklung zusammenfassend gesagt werden soll, was Arbeitslager sind, so kann das gewiß nicht geschehen durch eine Definition, die eine abschließende Feststellung bedeuten würde. Denn abgeschlossen ist die Form der Lager keineswegs; wäre es so, dann brauchte die vorliegende Veröffentlichung nicht geschrieben zu werden, die dem Anfang der Arbeitslager**bewegung** eine breite Straße zu der gesamten jungen Generation bahnen helfen will. Bewegung aber heißt Leben, und Leben kann nur dort gedeihen, wo jeder Schematismus vermieden wird, keine dogmatische Einengung Platz greifen kann und die Bereitschaft immer offenbleibt zur Entwicklung neuer und besserer Formen und zur Anpassung an die wechselnden Forderungen des Augenblicks.

Arbeitslager als Lebensform, nicht Notmaßnahme

Dennoch scheint ein Versuch notwendig, einen Ueberblick über die bunte Mannigfaltigkeit der Lagerformen durch eine systematische Zusammenfassung zu ermöglichen. Dabei muß zunächst Klarheit herrschen über das **Ziel**, das Arbeitslager verfolgen können. Es sei daran erinnert, daß, abgesehen von den Verbandslagern der bündischen Jugend, die ersten Versuche des Volkslagers in einer Zeit geschehen sind, wo ein großer Teil der Vorbereitungsarbeit darin bestand, Urlaub für die werktätigen Teilnehmer aus ihren Betrieben zu erwirken. Die Volkslager waren also als eine Lebensform der Jugend gedacht, die auch und gerade in Zeiten einer voll funktionierenden Wirtschaft ihre Bedeutung haben sollte. Durch die Erwerbslosennot der letzten Jahre hat sich vor dieses Ziel die notwendige Augenblicksaufgabe geschoben, durch die Arbeitslager Möglichkeiten zu schaffen, um die werktätige Jugend vor ihrem entnervenden Schicksal zu bewahren. Die Arbeitslagerbewegung ist damit vor eine Aufgabe gestellt worden, die sie bereitwillig und tatkräftig angefaßt hat, aber es darf nicht vergessen werden, daß es **Arbeitslager als Lebensform auch dann geben muß, wenn die Erwerbslosigkeit einmal nicht mehr der unmittelbare Anlaß für die Lagerarbeit sein sollte.**

Grundtypen nach Aufgaben und Zusammensetzung unterschieden

Unter diesen Gesichtspunkten ist auch das Verhältnis von Arbeitslager und freiwilligem Arbeitsdienst in seiner heutigen Form anzusehen. Der freiwillige Arbeitsdienst ist eine Möglichkeit, Arbeitslager zu veranstalten. Zwei Grundtypen sind vor allem zu unterscheiden: einmal Arbeitslager als geschlossene Lebensform, auf denen alle Lebensgebiete bewußt und gemeinsam geregelt und untereinander in ein Verhältnis gebracht werden, ferner als Gegenpol Arbeitslager mit der alleinigen Aufgabe, körperliche Arbeit zu leisten, um einen möglichst hohen Nutzeffekt zu erzielen. Im letzteren Fall müssen zunächst alle die Formen ausgeschaltet werden, bei denen überhaupt nicht von einem „Lager" gesprochen werden kann, weil gemeinsame Unterkunft und gemeinsame Verpflegung fehlen. Diese zweite Grundform ist die jüngere, vor allem im letzten Jahre bei der Durchführung des freiwilligen Arbeitsdienstes ausgebildet.

Nach den Trägern der Lagerarbeit ergibt sich weiterhin die Unterscheidung zwischen Verbandslagern und Volkslagern. Die ersteren werden von einem politisch, konfessionell oder wirtschaftlich gebundenen Verband veranstaltet und erfassen im wesentlichen Verbandsangehörige; ihr Charakter wird auch nicht dadurch entscheidend berührt, daß Außenstehenden die Teilnahme freigestellt ist. Bei den letzteren muß ein nicht einseitig gebundener Trägerkreis vorhanden sein, bei der Teilnahme darf keine einzelne Gruppe gegenüber einer anderen bevorzugt werden und die Leitung muß auf der Mitbestimmung oder dem ausdrücklichen Vertrauen der ganzen Belegschaft beruhen. Aus diesen Voraussetzungen ergibt sich schon, daß auf den Volkslagern niemals nur eine sozial oder politisch bestimmte Gruppe vertreten sein kann, während bei Verbandslagern die Möglichkeit besteht, nur eine einheitliche Gruppe (Studenten oder Arbeiter oder Handlungsgehilfen u. ä.) zu erfassen, aber auch durch eine Mischung einzelner Gruppen das äußere Bild des Volkslagers darzustellen, mit dem wichtigen Unterschied allerdings, daß die Verbandszugehörigkeit der vielleicht anwesenden Studenten, Arbeiter, Bauern der erste Auslesegesichtspunkt ist und nicht ihre Existenz als sozial verschiedene Gruppen wie bei den Volkslagern.

In der Praxis ergeben sich natürlich gewisse Ueberschneidungen der Typen. Es können Mischformen zwischen Verbandslagern und Volkslagern entstehen bei einer undogmatischen Lagerleitung und Teilnahme vieler Außenstehender, besonders wenn der veranstaltende Verband nicht einer der extremen Gruppen angehört. Ebenso können mehr oder weniger Elemente aus den Lagern mit geschlossener Lebensform in die reinen Arbeitsdienstlager übernommen werden. Gerade in dieser Beziehung ist die Bewegung noch sehr stark im Fluß und infolge des erst vorläufigen Ausbaues des freiwilligen Arbeitsdienstes noch unübersehbar.

Volkslager mit geschlossener

Den bisher am meisten durchdachten, erprobten und auf Leistungen der jungen Generation aufgebauten Typ verkörpern die Schlesischen und Norddeutschen Lager. Wenn sie im folgenden zunächst in ihren Grundsätzen noch einmal zusammengefaßt werden, so soll damit nicht gesagt sein, daß sie die einzige Möglichkeit von Arbeitslagern darstellen. Aber es muß in der Flut des Geschehens auf diesem Gebiet Richtpunkte geben, die als kritische Position dienen können für die Beurteilung anderer Formen. Es wird anschließend der Versuch gemacht werden, das Mindestmaß von Grundsätzen aufzustellen, das von der bisherigen Arbeitslagerbewegung aus sich als Forderung für eine ihrem Wollen entsprechende Ausgestaltung der mit dem freiwilligen Arbeitsdienst begonnenen Versuche ergibt. Lebensform als kritische Position

Die Schlesischen Lager verfolgen nach Teilnehmerzusammensetzung und Ausgestaltung das Ziel einer möglichst umfassenden Totalität. Sie erstreben ein Gesamtbild, dessen einzelne Teile in engem Zusammenhang, im Gleichgewichtszustand sich befinden. Was sie wollen, ist nicht die Lösung einer Teilaufgabe, sondern die Darstellung von Gesellschaft als Ganzem. Dieser Anspruch geht nicht zu hoch; wo die Voraussetzungen sich erreichen ließen, waren die besten bisherigen Veranstaltungen durchaus mit dem Ernst und der Hoffnung gesellschaftlicher Neugestaltung erfüllt. Das Gleichgewicht der Teile ist jedoch nichts Starres, nur die Voraussetzungen können ja in der Vorbereitung geschaffen werden. Das Leben des Lagers beruht gerade auf dem fortwährenden Kampf um den Gleichgewichtszustand zwischen den vorhandenen Gegensätzen. Natürlich darf dabei nicht ein einzelner Teil ein ständiges Uebergewicht besitzen, sondern die Möglichkeit der Selbstgestaltung und Selbstbestimmung, die Autonomie in allen Dingen bildet die zweite Voraussetzung, ohne die die erste sinnlos wäre.

Demnach ergibt sich als Grundsatz: die Lager sind eine *Lebensform* für die gesamte junge Generation *und* durch die Selbstgestaltung und Selbstbestimmung *eine pädagogische Einrichtung*. In diesem Rahmen erst kommt die Werkarbeit, wenn auch ihr materieller Ertrag für sich schon einen Wert darstellt, zur vollen Wirkung. Lagergrundgesetze

Die Arbeitslager sind in erster Linie eine Angelegenheit der *jungen* Generation, deren Initiative und gesellschaftlicher Formwille bisher bei der Vorbereitung und lebensmäßigen Durchdringung den Ausschlag gegeben hat. Sie sind Uebungsstätten eines geordneten Zusammenlebens von verantwortungswilligen jungen Menschen, die sich ihre Gesetze selbst geben. Jeder von *außen* kommende Zwang verfälscht das Lager, das den gesellschaftlichen Wert seiner straffen Form nur durch die freiwillige Einordnung aller Teilnehmer legitimieren kann. Das Lager verwaltet sich selbst; die Leitung muß durch das Vertrauen der Gesamtheit getragen sein. *Kameradschaft* ist die Lebensluft der Arbeitslager. Der Gemeinschaftsgeist muß stark genug sein, um zu erreichen, daß die gemeinsamen Veranstaltungen auch für alle Teilnehmer verbindlich gelten, und daß Lagergesetz und Lagersitte von allen geachtet werden. Die Erkenntnis der Jugendbewegung von der intensiven Leistung und der menschlichen Tragfähigkeit der Gruppe gehört zu den Fundamenten der Lagerarbeit.

Das Arbeitslager ist eine freie Begegnungsstätte für die Jugend aller sozialen Schichten. Seine beste Wirkung ist davon abhängig, daß der Teilnehmerkreis ein Bild aller wichtigen Berufsgruppen unseres Volkslebens abgeben kann. Das bedeutet noch nicht die Gleichsetzung mit Volksgemeinschaft, soweit darunter ein Ausgleich oder eine Vermischung der historisch gewordenen und in der wirtschaftlichen Sicherheit sowie in der gesellschaftlichen Wertung tatsächlich vorhandenen Gegensätze zwischen den Volksgruppen verstanden wird. Im Gegenteil hat jede begründete Meinung Anspruch darauf, ernst genommen zu werden. Gerade aus dem harten Aufeinandertreffen der Ansichten, die keine bloßen Programme bleiben können, sondern in der Haltung und Leistung der sie vertretenden Gruppen ihre Wirklichkeit und ihre Ernsthaftigkeit vor den Augen aller bewähren müssen, entsteht die geistige Spannung des Lagers und in der ritterlichen Form der Auseinandersetzung kann es seine politisch-bildende Kraft beweisen. Wenn so die Mannigfaltigkeit und Stärke der Gegensätze dem Lager seinen Wert gibt, so gefährdet auf der anderen Seite jede Einseitigkeit durch Unduldsamkeit oder Meinungsterror einzelner Teilnehmergruppen oder durch einseitige Beeinflussung von der Leitung aus seinen Bestand. Positive Neutralität nicht im Sinne der Unentschiedenheit oder des Zurückhaltens seiner Ansicht, sondern als gleichberechtigtes und gleichgeachtetes Nebeneinander und Gegeneinander der Meinungen ist ein Grundelement der Lagergestaltung.

Die drei Hauptstücke der Lagergestaltung

Die Werkarbeit gehört unter dem Gesichtspunkt möglichster Realität des Lebens als ganz wesentlicher Bestandteil auf jedes Lager. Sie muß in einer Mühe und Anstrengung erfordernden und sinnvollen Leistung bestehen, sie darf in keinem Fall eine bloße Beschäftigung in frischer Luft bleiben und sie kann auch durch keine andere Form körperlicher Anstrengung ersetzt werden.

Von der geistigen Uebung in den Vorträgen und Rundgesprächen soll keine bloße Wissensvermittlung und erst recht keine subjektive Fortbildung erwartet werden. Ihr wichtigster Inhalt ist das Voneinanderlernen der einzelnen Gruppen und die Erweckung des gesellschaftlichen Bewußtseins und Verantwortungswillens aus dem Kampf der Meinungen. So wichtig in diesem Zusammenhang das Wissen des Gelehrten und die Erfahrung des Gereiften ist, so darf beides nicht überschätzt werden; denn nicht Lehre, sondern Uebung ist die Aufgabe der Lager. Das Erfahrungsgut der werktätigen Teilnehmer ist neben dem Bildungsgut der Studenten ein gleichberechtigter, notwendiger und willkommener Bestandteil der Arbeit. Die einfache Sprache des Ungeschulten und die naive Frage des Unwissenden verdient gleichen Rang und gleiche Beachtung wie die Aeußerungen des Fachmannes.

In unserer formenkargen und an kultureller Gestaltungskraft armen Zeit fällt der sinnvollen **Freizeitgestaltung** und den dazu notwendigen musischen Uebungen eine wichtige Rolle zu. Sie ist keine Angelegenheit müder Stunden; sie soll ihren festen Ort im Tageslauf haben und von der Verantwortung kulturellen Tuns getragen sein. In der Methode entspricht dem Geist der Lager eine Ablösung der aus individueller Spitzenleistung und passiver Anteilnahme bestehenden Kunstübung der Vorkriegszeit durch die von der Jugend neugeprägten Möglichkeiten gemeinschaftlicher Gestaltung.

Bei der starken Spannung eines Arbeitslagers muß auch einer entsprechenden **Entspannung** Raum gegeben werden. Impulsiver Gestaltungswille und echte Fröhlichkeit müssen sich im Rahmen der Lagerordnung Luft machen können, die deshalb nie so dogmatisch und starr sein darf, daß sie nicht einer gelegentlichen Veränderung ausgesetzt werden könnte.

Diese Form der in sich geschlossenen Volkslager ist nur durchführbar bei der Gewährung öffentlicher Zuschüsse. Ein auch aus erzieherischen Gründen zu fordernder Unkostenbeitrag der Teilnehmer und der Verdienst aus der Werkarbeit tragen dazu bei, daß die Zuschüsse niedrig gehalten werden können. Gut vorbereitete Lager sind deshalb infolge der Intensität ihrer politisch-bildenden Wirkung Veranstaltungen, die im Vergleich zu den gewährten Mitteln einen hohen Nutzeffekt für die Allgemeinheit versprechen können.

Veränderte Aufgabenstellung durch den freiw. Arbeitsdienst

Durch den **freiwilligen Arbeitsdienst** müssen diese für die Volkslager geltenden Voraussetzungen und damit auch die Durchführung der Lager in wichtigen Punkten verändert werden. Niemand wird leugnen, daß seine bisherige Regelung nur eine vorläufige ist, daß sie anderseits aber im Rahmen der Finanznot heute nur schwer eine Erweiterung wird erfahren können. Seine wichtigste Augenblicksaufgabe ist praktische Erwerbslosenhilfe; das breite ideologische Fundament trägt vorläufig nur einen recht schmalen realen Ueberbau. Infolgedessen trifft die „Gleichgewichtstheorie" der Volkslager nicht mehr auf seine Voraussetzungen zu. Soll der freiwillige Arbeitsdienst in größerem Rahmen durchgeführt werden, so wird die Werkarbeit stärker im Vordergrund stehen. Die Lager werden länger dauern und die Teilnehmer werden weniger ausgewählt sein als bei den Volkslagern. Dennoch muß mit allen Mitteln versucht werden, das eine zu tun und das andere nicht zu lassen. Es muß versucht werden, auch unter den veränderten Voraussetzungen möglichst viel von dem zu verwirklichen, was als kritische Position für alle Arbeitsdienstversuche die Jugend aus eigener Leistung an Erfahrung in den Volkslagern zusammengetragen hat.

Forderungen zum freiw. Arbeitsdienst aus der Lagerarbeit

Vier Grundsätze lassen sich aufstellen, die bei der Durchführung des freiwilligen Arbeitsdienstes als **Mindestforderung** immer wieder geltend gemacht werden müssen:

1. Auch die Arbeitslager des freiwilligen Arbeitsdienstes müssen eine Angelegenheit der jungen Generation bleiben;

2. infolgedessen muß die Führung der Lager in ihren Händen sein, und auch dort, wo sie gegenüber den Volkslagern mit mehr Autorität ausgestattet werden muß, darf die Möglichkeit mitzubestimmen und mitzuverantworten der Gesamtheit der Teilnehmer nicht genommen werden;

3. bei der Zusammensetzung der Teilnehmer ist die Uebung der Volkslager der der Verbandslager vorzuziehen; in jedem Fall sollten nicht nur junge Erwerbslose die Teilnehmerschaft bilden, sondern es sollen Akademiker, Studenten und Abiturienten, die ohnedies in einer ähnlich unsicheren Lebenslage sind, und möglichst auch das bäuerliche Element zu ihnen unter den gleichen Bedingungen zugelassen sein.

4. Im Tageslauf soll die Werkarbeit nicht die einzige Aufgabe bilden, sondern es soll versucht werden, durch verbindliche geistige Tätigkeit und bewußte Freizeitgestaltung eine den Grundsätzen des Volkslagers angenäherte Geschlossenheit des Tageslaufs zu erzielen.

Nur bei einer Berücksichtigung dieser vier Grundsätze scheint es möglich, die große volkserzieherische Gelegenheit, die der freiwillige Arbeitsdienst bedeuten kann, in sinnvoller Weise auszunutzen.

Abweichungen gegenüber den reinen Volkslagern

Für die Ausgestaltung ergeben sich noch einige weitere Gesichtspunkte.

Bei einem Lager von 20 Wochen wäre es ferner nicht sinnvoll zu verlangen, daß jeder Teilnehmer von Anfang bis zu Ende im Lager bleiben müßte; vor allem die Studenten werden die Zeit nicht immer erübrigen können. Eine Organisation des Lagers in mehreren Etappen mit teilweisem Teilnehmerwechsel nach dem Beispiel der Stuttgarter oder Tübinger Lager scheint für die Lebendigkeit eines solchen Lagers nach den bisherigen Erfahrungen nur von Vorteil zu sein. Die sachlichen Notwendigkeiten sind vor allem bei größeren Arbeitsobjekten zwingender als auf einem Volkslager; deshalb ist es richtig, wenn die Lagerführung eine stärkere Autorität erhält. Nicht richtig wäre der Versuch, eine gleiche Intensität des Lagerlebens von Anfang an herbeizuführen, wie sie die Volkslager kennen; bei der nicht durch persönliche Auswahl zustande gekommenen Teilnehmerzusammensetzung müßte sie nach wenigen Wochen nachlassen und zu Enttäuschungen führen. Der Einsatz der Führung in Arbeitsgemeinschaften und Freizeitgestaltung muß deshalb immer das Lager in seiner Gesamtheit berücksichtigen und sich der von Fall zu Fall wechselnden Länge der Lager und Zusammensetzung der Teilnehmer anpassen.

Die Hauptgruppen des Arbeitslagers

Die Studenten

Arbeitslager als sinnvolle Ergänzung zum Hochschulleben

Aus der für viele unbefriedigenden geistigen Situation der Hochschule heraus kommen die Studenten auf die Arbeitslager, um eine Durchbrechung ihrer geistigen Isolierung, eine sinnvolle Ergänzung zum Studium, eine Aufgabe für ihren mehr oder weniger bewußten politischen Gestaltungswillen zu finden. Sie wollen die Gesellschaftsschichten kennenlernen, die den meisten ihrer Herkunft und ihrer Lebensweise nach fremd bleiben, seitdem durch die wirtschaftliche Konsolidierung nach der Inflation und in den letzten Jahren durch die allgemeine Arbeitsnot immer mehr der Typ des Werkstudenten durch den vom kargen Wechsel Lebenden, auf schnelle Beendung des Studiums Angewiesenen ersetzt worden ist.

In der Regel sind die Studenten im politischen Spannungsfeld des Lagers die passivsten Teilnehmer; sie haben wenig Gemeinsames, für das sie fordernd und werbend eintreten können, sie haben meist auch keine politischen Ueberzeugungsabsichten. Die äußere Form des Lagerablaufs dagegen wird gerade bei ihnen zu einer sehr ernst genommenen Aufgabe und die freiwillige Verpflichtung zu zuchtvoller Durchführung der als sinnvoll empfundenen Lebensformen ist für sie bindender als bei den anderen Gruppen. Dies ist auch ihre Hauptaufgabe auf dem Lager, die ihnen nicht abgenommen werden kann.

Bei den Rundgesprächen und Vorträgen wollen sie meist weniger von den Themeninhalten lernen, die ihnen oft schon auf der Hochschule nahegebracht sein werden, sondern mehr von der Haltung und Meinung der anderen Lagergruppen und von der Form, in denen sich diese mehr den Methoden der Erwachsenenbildung als dem Hochschulstudium ähnlichen geistigen Uebungen vollziehen. Die körperliche Arbeit ist für viele eine fröhliche Neuheit, die aber mit Eifer und Ernst angepackt wird, schon um sich vor den jungen Werktätigen nicht zu blamieren, die in aller Regel mit besonderer, spottbereiter Sorgfalt die Bemühungen der Studenten zu beobachten pflegen. Die körperliche Schulung durch Wanderungen und Sport führt meist dazu, daß die Arbeitslust und die Arbeitsleistung nicht geringer sind als bei den werktätigen Kameraden. Diese Bewährung der Studenten ist eine sehr wichtige Voraussetzung für die innere Fühlungnahme und Vertrauensbildung zwischen den Gruppen. Für die musischen Uebungen schließlich bringen sie die meiste Selbstverständlichkeit und oft auch das praktische Können mit, besonders soweit sie aus Gruppen der Jugendbewegung stammen.

Mittlerrolle als Aufgabe der Studenten

Das auf die Lager eingebrachte Gut der Studenten besteht weniger in einer Ursprünglichkeit im Sprechen und Denken, wie bei den Bauern, oder in eindeutiger gesellschaftlicher Prägung, wie bei den Arbeitern, als in der Bereitwilligkeit, die Begegnung zwischen allen Gegensätzen immer wieder offenzuhalten und jede auftretende Meinung einzuordnen und ohne Ressentiment ernst zu nehmen. Insofern haben sie an dem Entstehen der gespannten Atmosphäre eines Lagers, die jedem Besucher immer als ein wesentlicher Bestandteil erscheint, weniger aktiv gestaltend Anteil, sie spielen eher die Rolle des Katalysators beim Schmelzprozeß, dessen Materie in das Produkt nicht eingeht, ohne dessen Vorhandensein indessen der Prozeß überhaupt nicht vonstatten gehen könnte.

Verantwortung für die Lagerform

Von größerer Bedeutung ist der Beitrag zu den Einzelheiten des täglichen Lagerablaufs, zu der Ordnung des Beisammenseins. Ihre selbstverständliche Kameradschaft bei der körperlichen Arbeit bringt auch für die Werktätigen das Bewußtsein, daß es sich bei der Arbeit auf dem Lager um etwas anderes handelt als um ihr sonstiges mühsames Tagewerk, das anderseits gerade dadurch aus kritischem Abstand für sie eine neue und positive Wertung erhalten kann. Bei den Rundgesprächen sind sie zwar selten die Träger von gesellschaftlicher Erfahrung, dafür aber von ordnendem und verknüpfendem Wissen. Wo beides vorhanden ist und auch ihre Sprache unverbildet, sind sie gute Diskussionsgruppenleiter, und ohne sie ist der geistige Prozeß kaum vollziehbar, der in den Arbeitsgemeinschaften aus der Summe der vereinzelten Erfahrungen zum gemeinsamen Erkennen der gesellschaftlichen Zusammenhänge führt. Bei der Formung des Lagers durch Musik und Spiel sind sie nicht zu entbehren. Der für einen reibungslosen Ablauf nicht unwesentliche Schmuck des Lagertages durch das Lied vor der Mahlzeit, die Art des Weckens, den Abgesang u. ä. ist meistens ihr Werk. Weniger geschickt sind sie in der Art ihrer Selbstdarstellung; die Studentenabende sind von den Veranstaltungen der Gruppen meist am farblosesten gewesen.

Die Wirkung des Arbeitslagers auf die Studenten wird sich vor allem in zwei Richtungen bemerkbar machen. Einmal wird es ähnlich, wie es die Tätigkeit als Werkstudent getan hatte, eine Erweiterung ihres Erfahrungskreises herbeiführen, aber darüber hinaus durch die Vermittelung seiner besonderen Lebensform einen Anreiz für eine sinnvolle Umgestaltung und Intensivierung ihres persönlichen Lebens abgeben. Ferner wird das bewußte Durchleben des Lagers als pädagogische Aufgabe sie in den Stand setzen, das Leben auf der Hochschule, ihre wissenschaftlichen Inhalte und ihre Methoden mit kritischen Augen anzusehen und die breite Front der Disziplinen, die heute in verwirrendem Nebeneinander mit dem gleichen Anspruch auf Verbindlichkeit auftreten, mit wertenden, aus der Verbindung mit der Gedankenwelt des werktätigen Volkes gewonnenen Maßstäben zu zergliedern.

Lager als Orte gesellschaftlicher Schulung für Studenten

Das Lager ist für die Studenten in jeder Beziehung ein Prüfstein, ein Zwang zur Bewährung des ganzen Menschen, der im Hochschulleben nicht ganz zu seinem Recht kommen kann. Diese Wirkung wird bei ihnen meist stärker sein als bei den werktätigen Gruppen, die sich nicht so sehr in die Gefahrzone der Anfechtung durch den Geist begeben haben. Der überspannte Anspruch der kommenden „Führer des Volkes" wird, wo er etwa noch vorhanden sein sollte, in seine Schranken gewiesen durch die Härte der Arbeit, durch das Zusammenleben mit der werktätigen Jugend, durch den Klassenstolz einer Arbeitergruppe, durch das instinktsichere Urteil junger Bauern gegenüber der Sprache und den Begriffen der Wissenschaft. Dabei kann nur bestehen, was echt ist. Daß für die künftige Berufsarbeit der Studenten solche Begegnungen einen besonderen Wert haben, weil ja der künftige Richter, Volkswirt, Betriebsingenieur, Lehrer, Theologe an jedem Tag mit der Arbeitswelt des Volkes zu tun haben wird, ist um so leichter einzusehen, je mehr die Hochschule selbst außerstande ist, diese Fühlungnahme herzustellen.

Die Arbeiter

Politischer Wille als Triebkraft der Beteiligung

In dieser vielgestaltigen Gruppe weichen die Einstellungen, die man dem Lager gegenüber einnimmt, mitunter voneinander ab, je nachdem es sich um Industriearbeiter, Handwerker oder Angestellte, um Menschen aus der Großstadt, aus Landstädten oder vom Dorf, um klassenbewußte Proletarier, christliche Gewerkschafter oder politisch indifferente Turnvereinsmitglieder, um gelernte oder ungelernte Arbeiter handelt. Bei den weltanschaulich fest geformten Werktätigen, vor allem aus den sozialistischen Gruppen, ist der politische Repräsentationswille die stärkste Triebkraft. Man begrüßt die Möglichkeit des Zusammentreffens mit anderen Volksschichten weniger, weil man von ihnen zu wenig weiß und weil man zunächst vorbehaltlos lernen will, wie die Studenten, sondern vor allem, weil man in jugendlicher Unbedingtheit sein Dogma, seine Haltung demonstrieren will, weil man unter den Unentschiedenen missionieren will, weil man zur besseren Schulung die harte und ehrliche Auseinandersetzung sucht. Denn im Gegensatz zu den meisten Studenten suchen die Arbeiter auf dem Lager den politischen und wirtschaftlichen Gegner und die politische Spannung geht deshalb in der Regel gerade von ihnen aus. Anderseits sind bei ihnen die Widerstände gegen das Lager bei der Werbung am größten, weil der eigene Dogmatismus stets zunächst den Verdacht aufkommen läßt, die Lager wollten eine Verharmlosung der Gegensätze, stellten eine ideologische Falle dar gegenüber ihrem Klassenbewußtsein. Sind sie aber erst einmal zu Teilnehmern gewonnen, so bedeutet gerade ihre wache Anwesenheit den besten Schutz gegen ideologische Entgleisungen. Die anderen Arbeitergruppen und auch die Angestellten verhalten sich demgegenüber meist passiver; ihre Einstellung zum Arbeitslager ist eher der der Studenten verwandt.

Die Werkarbeit wurde zunächst nicht immer mit besonderer Begeisterung von den jungen Arbeitern betrachtet, im Gegenteil sind mitunter von ihnen Anträge auf Verkürzung gestellt worden, weil das Interesse für den anderen Teil des Tageslaufes stärker war. Diese Seite des Lagerlebens ist für sie am wenigsten selbstverständlich, weil sie zuerst geneigt sind, die unbefriedigenden Vorstellungen, die ihnen ihre eigene, oft trübe Arbeitswelt vermittelt, auch auf die Werkarbeit zu übertragen. Die Eingewöhnung geschieht indes meistens sehr leicht und um so schneller, je weniger deutlich der „Arbeitgeber" in Erscheinung tritt — Gemeinnützigkeit der Arbeit ist dafür unerläßliche Voraussetzung —, je kameradschaftlicher sich die Zusammenarbeit in der Kolonne mit anderen Gruppen, besonders den Studenten, entwickelt, je schneller ihnen die gleichberechtigte Stellung der Werkarbeit im Tageslauf und die Anerkennung ihrer handwerklichen Leistungsfähigkeit und Erfahrung in ihr bewußt wird.

Auf die Vorträge und Rundgespräche legen die Arbeiter den Hauptwert. Das Streben nach Wissen, nach Aufklärung ist um so größer, je deutlicher bei wachsendem Bewußtsein ihrer schicksalhaften gesellschaftlichen Lage die Kluft zwischen dem Erkenntnisdrang und der mangelnden Gelegenheit zur besseren Schulung und intellektuellen Bewältigung dieser Lage wird. Den musischen Uebungen stehen die Werktätigen — auch die Bauern — zunächst oft fremd gegenüber, weil sie in ihrem Leben keinen Platz mehr haben und deshalb als Zeitvergeudung empfunden werden. Der Unterhaltungseffekt wird noch am leichtesten eingesehen; daß Chorsingen auch eine ernsthafte Aufgabe bedeuten kann, daß die formale Zucht mitunter die Voraussetzung einer geistigen Leistung ist, wird in der Regel erst aus der Wirkung heraus deutlich.

Der wichtigste Beitrag der Arbeiter ist die politische Energie, die, von ihnen ausgehend, die Spannung des Lagers eigentlich begründet. Sie äußert sich vor allem darin, daß sie einen besonderen Wert auf die Mitbestimmung am Ablauf des Lagers legen, anderseits aber auch durch eifrige Mitarbeit ihren Anspruch darauf für alle glaubhaft legitimieren. Die Selbstverwaltung im Lager findet an ihnen die beste Stütze, wenn auch manchmal ihre Fraktionspolitik schroffer ist, als es die Offenheit des Lagers auf die Dauer vertragen kann. Wenn von besonders Eifrigen z. B. die Studenten als Repräsentanten der bürgerlichen Klasse angesprochen werden, so bedeutet das oft ein Einrennen offener Türen.

Erfahrungsgut als Beitrag

Für die Arbeitsgemeinschaften ergibt sich aus der bunten Lebenserfahrung der aus den verschiedensten Berufen stammenden, meist viel weiter als etwa die Bauern und Studenten herumgekommenen Arbeiter eine überaus farbige und anschauliche Grundlage. Damit gewinnt jede Diskussion etwas von einem unmittelbaren gesellschaftlichen Vorgang, und wenn auch mitunter die Bereitwilligkeit der Zusammenarbeit besonders bei sehr jungen Arbeitern durch die vorzeitige Sättigung mit nicht- oder nur halbverstandenen Tagesschlagworten gehemmt wird, so ist auf der anderen Seite gerade von ihnen immer von neuem eine Belebung der Fragestellungen zu erwarten, selbst wenn sie nur auf dem Wege des Widerspruches der anderen Gruppen geschieht.

Selbständige kulturelle Formen

Für den musischen Teil bringen die Arbeiter die Formen mit, die als Ansätze proletarischer Kultur in ihren Gruppen gepflegt werden, wie das Stegreifspiel, die Wandzeitung, den Sprechchor. Vieles davon hat sich als für die Arbeitslager sehr geeignet erwiesen; das Stegreifspiel als Betätigungsfeld der Improvisation, die Wandzeitung als Sprachrohr der „öffentlichen Meinung" im Lager, der Sprechchor als wirkungsvolles Mittel, die Einheit der Lagermannschaft z. B. bei Begrüßungen, Feiern zur Geltung zu bringen.

Realpolitische Schulung als Erfolg der Lager

Der Gewinn, den der junge Arbeiter vom Lager hat, liegt in einer politischen Erziehung, die gesellschaftswirklicher ist als die Ausbildung innerhalb der eigenen Parteizelle, wo ihm der politische und wirtschaftliche Gegner nicht als Mensch von Fleisch und Blut erscheint, sondern als ein Lehrgegenstand, und wo ihm zwar Waffen des Dogmas und der Taktik in die Hand gegeben werden, aber nicht ohne weiteres die Fähigkeit des soziologisch geschulten Sehens und des Erfassens schnell wechselnder Situationen. Demgegenüber begegnet ihm auf dem Lager die ganz undogmatische und immer neue Widerspruchsfülle des Lebens, die doch letzten Endes für jeden Versuch gesellschaftlicher Gestaltung der Ausgangspunkt ist. Das Zusammensein mit den Studenten macht ihn wehrhaft gegenüber dem Intellektuellen, vor dem sein Selbstbewußtsein sonst entweder unsicher zu werden oder sich unproduktiv zu versteifen pflegt. Eine menschliche Bereicherung liegt für ihn in der Fühlung, die er mit den Kräften der autonomen Jugendbewegung bekommt, weil wohl in allen Arbeiterparteien und Gewerkschaftsrichtungen heute noch das eigene Lebensrecht der Jugend mehr oder weniger eingeengt wird vom Panzer der Bürokratie und überkommener, vereinsmäßiger, zwecknüchterner Gesellschaftsformen. Für viele bedeutet dieses Zusammentreffen eine revolutionierende Entdeckung, weil die „bürgerliche Klasse" in diesen Studenten oft Beispiele eines unbedingten und solidarischen Lebens hinstellt, deren Nachahmung dem jungen Funktionär innerlich mitunter schwerer wird, als etwa selbst den Bauern. Dabei ist nie ein Irrewerden an der eigenen Ueberzeugung zu beobachten gewesen; im Gegenteil pflegte das Arbeitslager ein Anreiz zu höchster politischer Aktivität zu werden.

Die Bauern

Der weite Weg zum Arbeitslager

Der junge Bauer kommt aus einem Lebenskreis auf die Arbeitslager, der zwar an gesellschaftlichem Geschehen, Mannigfaltigkeit und Tempo sehr viel sparsamer ist als der Betrieb und die Wohnstraße des Arbeiters oder der Kollegsaal und die Universitätsstadt des Studenten, in dem aber die Lebensgemeinschaft des Dorfes, falls sie noch ungebrochen funktioniert, ihn in den Stand setzt, aus dieser Anschauung heraus die Lager als Lebensform zu begreifen und sich auf ihnen nicht fremd zu fühlen. Dieses selbstverständliche Dabeiseinkönnen zeichnet ihn vor den anderen Gruppen aus, die mit mehr oder weniger vorgefaßten Meinungen dem Lager gegenübertreten. Dennoch hat der Bauer gewissermaßen den weitesten Weg zum Arbeitslager, weil der gesellschaftliche Erschütterungs- und Umschichtungsvorgang, der den

Sinn und die Notwendigkeit einer Begegnung zwischen den heute noch gegensätzlichen Gruppen in der städtischen und industriellen Arbeitswelt auch für den einzelnen deutlich hervortreten läßt, in der ländlichen Welt entweder nicht vorhanden oder — in den meisten Fällen — noch nicht bewußt geworden ist. Aber die Auflösung des alten Gegensatzes von Stadt und Land in die Erkenntnis von der gemeinsamen Schicksalsverbundenheit ist ein geistiger Vorgang, der, obwohl noch ganz in den Anfängen stehend, eine Grundfrage jeder neuen Ordnung bildet. Die Arbeitslager können auf diesem Felde eine wichtige Pionierarbeit leisten.

Diese Möglichkeiten sind es auch, die den Bauern zum Besuch der Lager in erster Linie veranlassen können. Bei der Zuspitzung seiner wirtschaftlichen Lage, bei dem immer stärkeren Verknüpftwerden in Zusammenhänge, die von außen her in seinen Lebenskreis hineinwirken, bei der wachsenden Politisierung seines Denkens erwächst ihm das Bedürfnis, etwas über die Ursachen dieser Umschichtung zu erfahren. Wie der Arbeiter, so sucht auch er vor allem Erkenntnis und Belehrung. Darüber hinaus bringt er aber auch Kunde von der unbekanntesten Provinz unseres Volkslebens, über die der Mensch aus der Stadt in der Regel heute noch eine recht unzureichende Vorstellung hat. Dieser Aufklärungswille ist oft das politische Motiv des Lagerbesuches, das um so stärker hervortritt, je mehr die wirtschaftliche Entwicklung die Landwirtschaft in die Defensive drängt. Für den Arbeiter ist es oft eine nachdenkliche Entdeckung gewesen, daß die Lebenshaltung des selbständigen Kleinbauern meist unter der des Facharbeiters steht.

Persönlichkeit und ursprüngliche Formkraft als Beitrag

Für das Gelingen eines Lagers bringen gerade die Bauern eine Reihe von wesentlichen Voraussetzungen mit. Sie bilden oft das beharrende Element, wo die Leidenschaftlichkeit der Auseinandersetzung die Durchführung zu bedrohen scheint. Ihr Pflichtgefühl gegenüber der durch die Teilnahme übernommenen Aufgabe ist meist so groß, daß sie ohne weiteres bereit sind, die Sonderinteressen ihrer Gruppe dahinter zurückzustellen. Ganz im Gegensatz dazu bestimmt bei manchen Arbeitergruppen die — wenn auch nur taktische — Wahrnehmung des Fraktionsstandpunktes in erster Linie das Gesetz ihres Handelns. Insofern ist die Form der Kameradschaftlichkeit bei den Bauern für die gemeinsame Haltung eines Lagers und für die Ausbildung einer verbindenden Lagersitte besonders wichtig; sie reicht weiter als das Solidaritätsbewußtsein der Arbeiter und tiefer als das kollegiale Miteinander der Studenten. Am nächsten verwandt ist ihr die Haltung der bündischen Gruppen, die jedoch an Natürlichkeit hinter ihr zurückbleibt.

Die notwendige Lagerdisziplin wird unter allen Gruppen am leichtesten von den Bauern eingehalten. Das zeigt sich vor allem bei der Werkarbeit, die für sie eine nicht weiter zu diskutierende Selbstverständlichkeit bedeutet: mitunter ist es vorgekommen, daß sie Kritik anmeldeten, wenn die Arbeit zu sehr den Charakter einer bloßen Beschäftigung hatte. In den Rundgesprächen gehören die Bauern selten zu den

Sprechern; sie sind wortkarger als die anderen Gruppen, aber meist deutlicher, sie sagen nicht viel, aber sie sagen das Wenige prägnant, nicht selten mit einem gesunden Humor. Wer die Beiträge der Gruppen zum geistigen Geschehen des Lagers nach der sprachlichen Gestaltungskraft untersucht, der wird bei den Bauern die ursprünglichsten und schöpferischsten Leistungen feststellen können. In einer Fähigkeit vor allem sind sie den anderen Teilnehmern weit voraus: sie können am besten zuhören — die Funktionäre jedes Typs und viele Studenten am schlechtesten! Die musischen Uebungen sind ihnen zunächst ebenso fremd, wie vielen Arbeitern, aber sie stehen ihnen mit größerer Unbekümmertheit gegenüber und werden gewiß kein Problem aus ihnen machen. Im allgemeinen bewahren sie sich, nicht nur auf diesem Gebiet, eine gesunde und sehr selbständige Kritik, die für das Lager ein gutes Schutzmittel bedeutet gegen eine Ueberschätzung von Teilgebieten der Gesamtaufgabe, wie sie z. B. in reinen Studentenlagern leicht vorkommen kann.

Bewußtwerden der ständigen Aufgabe als Erfolg

Im Gegensatz zu den anderen Gruppen kommen die Bauern fast immer als einzelne zum Lager. Aber unter dem Druck der Frontbildungen, die sie dort vorfinden, rücken sie eng zusammen, und in kurzer Zeit bilden sie gleichfalls eine Einheit. Dieser Vorgang ist von großer Bedeutung. Das oft nur als Programm vorhandene Standesgefühl tritt sichtbar in Erscheinung und der Zusammenschluß umfaßt dann meist alle Gruppen, die Groß- und Kleinbauern, oft auch die Dorfhandwerker und, seltener, die Landarbeiter und die Gutsangestellten. Nach den schlesischen Erfahrungen sind diese Bindungen z. T. über vier Jahre wirksam geblieben. Darin liegt auch eine Widerlegung des oft erhobenen Einwandes, daß ein so plötzliches Heraustreten des Bauern in das Spannungsfeld des Arbeitslagers ihn in seiner gesellschaftlichen Persönlichkeit unsicher machen müßte. Im Gegenteil ist diese, über die nachbarlichen Bindungen in der Dorfgemeinschaft hinausgehende, Verfestigung des Standesdenkens einerseits, die naheliegende organisatorische Folgerung aus dem Anschauungsunterricht anderseits, den der Bauer in der Betrachtung der festgefügten Arbeiterorganisationen erhält, die wichtigste, bleibende Wirkung aus dem Lagerbesuch. Gerade weil der Weg des Bauern zum Arbeitslager nicht so selbstverständlich ist wie bei den anderen Gruppen, ist die Wandlung, die er erfährt, am größten. In der Einsamkeit seines Dorfes wird er die Nachwirkung noch spüren, wenn die Betriebsamkeit des städtischen Lebens bei den anderen längst neue Eindrücke in den Vordergrund gerückt hat.

Arbeitslager und Hochschule

Arbeitslager als Beitrag zur Hochschulreform

Bei der Abgrenzung des Standortes, den die Arbeitslager heute einnehmen, ist das Verhältnis zu der Hochschule von besonderer Wichtigkeit. Dabei ist von vornherein zu betonen, daß es sich wegen der verschiedenen Zielsetzungen nicht um einen Vergleich zwischen Institutionen handeln kann. Zwar haben bei der Entstehung der Arbeitslager studentische Kreise den Ausschlag gegeben, und auch die Lagerbewegung ist überall von ihnen aufgenommen und weitergetragen worden. Im Rahmen der Hochschule und ihrer Lebensäußerung haben aber diese Lager keinen Platz gefunden, sondern im Gegenteil, der Einsatz der Studenten war nicht zuletzt durch den Willen bestimmt, in den Arbeitslagern Lebensformen zu schaffen, die ihnen einen Ausgleich zu ihrem Dasein auf der Hochschule geben sollten. Aber gerade von hier aus strahlen Wirkungen auf die Hochschule zurück, deren lebendigste Kräfte heute schon bereit sind, mit manchen bisherigen Traditionen akademischen Lebens zu brechen und den Geist der Arbeitslager als aktive Kraft in die Bestrebungen einer Hochschulreform einzusetzen.

Arbeitslager als Kontrollstellen für die Volksnähe der Wissenschaft

Die Notstände unseres Hochschulwesens, die zu den Forderungen nach einer Reform Anlaß geben, liegen auf verschiedenen Gebieten. Die wissenssoziologischen Hintergründe der Auseinandersetzung zwischen den Ansprüchen der „universitas literarum" und der realen Notwendigkeit, exakt geschulte Spezialisten und Sachwalter des öffentlichen Lebens heranzubilden, können hier nicht interessieren, soweit sie innerhalb der Hochschule ausgetragen werden müssen. Wichtiger ist, daß mit diesem Verlust ihrer geistigen Geschlossenheit die Hochschule ihre Vertrauensgrundlage und ihre Autorität im ganzen Volke zu verlieren droht. Vermochte sie in vergangenen Jahrhunderten auf eine Fühlung zu allen Volkskreisen zu verzichten, weil ihr entweder die kirchliche Tradition oder die institutionelle Verknüpfung mit der Staatsautorität ein hohes Maß von Achtung von vornherein und ohne Widerspruch sicherten, so bedeutet die Umwertung aller überkommenen Autorität und die Demokratisierung der Bildung für sie einen unmittelbaren und gesunden Zwang, Katheder und Podium zu verlassen und sich ihre geistige Heimat und Vertrauensgrundlage im Volksganzen selbst immer wieder zu erkämpfen. Natürlich gibt es auf der Hochschule im Rahmen ihrer Aufgabe als Forschungsanstalt Gebiete, in denen sich die Eigengesetzlichkeit wissenschaftlichen Schaffens bis zur — scheinbaren — Lebensfremdheit konzentrieren muß. Aber jedes Wissensgebiet hängt irgendwie mit dem Volksleben, mit der Wirtschaft, mit dem Erziehungswesen usw. zusammen, und besonders die betreffenden Fachdisziplinen müssen heute bei der erhöhten Umlaufsgeschwindigkeit aller Lebensvorgänge die Verbindlichkeit ihrer Arbeit immer wieder lebensmäßig überprüfen können. Arbeitslager in der Form der Volkslager sind eine Möglichkeit dazu.

Notwendigkeit der Begegnung zwischen Arbeitswelt und Hochschule

Wenn von Hochschulreform gesprochen wird, so ist damit neben einer Neubegründung der geistigen Lage der Hochschule vor allem eine Kritik ihrer Ausbildungsmethoden und der Formen des studentischen Lebens gemeint. Denn alle Hochschulabsolventen zusammengenommen bilden ja den lebendigen Strom, der zwischen dem Volk und der Hochschule hin und her flutet, und von ihrer Haltung nicht zuletzt hängt das Vertrauen ab, das ihr von der gesamten Oeffentlichkeit entgegengebracht wird. Der volksnahe, dünkelfreie und anspruchslose Akademiker, den die Zeit erfordert, ist leider bisher nur als Ausnahme anzutreffen. Eine breite Welle solcher Menschen, die den Anspruch, Führer des Volkes zu sein, mit einigem Recht tragen konnten, stellte die akademische Frontgeneration dar, die nach der Rückkehr aus dem Weltkrieg auf den Hochschulen ihr Studium begann oder fortsetzte. Gemeinschaftsgesinnung, Verantwortungsbewußtsein und Kameradschaft übernahm sie in ihren Wirkungskreis, überwand die für das akademische Leben der Vorkriegszeit typische Zersplitterung und Absonderung der studentischen Gruppen und legte in der studentischen Selbstverwaltung in allen ihren Zweigen tatkräftig Grundsteine zu einer Reform des studentischen Lebens. Sie hatte vor den heutigen Studenten weiterhin den großen Vorteil, aus dem Fronterlebnis eine tiefe Verbundenheit über alle Stände hin mitgebracht zu haben. Aus diesem sozialen Kameradschaftsgeist heraus war es für diese Studenten eine Selbstverständlichkeit, in den ersten Nachkriegsjahren in die Bergwerke, die Fabriken oder in die Landarbeit zu gehen, um dort die gewonnene Kameradschaft zur werktätigen Bevölkerung fortzusetzen. Das volksnahe Leben war eine notwendige Ergänzung des Studiums, das sich bis zur Stabilisierung der Mark in äußerster wirtschaftlicher Unsicherheit vollziehen mußte.

Je mehr aber dieser Typ des Werkstudenten durch den Examensstudenten abgelöst wurde, der mit einem bescheidenen Existenzminimum in der vorgeschriebenen Zeit sein Studium hinter sich zu bringen versuchte, desto mehr drohte für die Gesamtheit der Studenten wiederum jener Zustand tatsächlicher Isolierung einzutreten, der in der Vorkriegszeit geherrscht hatte und den die Frontgeneration mit so verheißungsvollen Ansätzen eines neuen Lebens durchbrochen hatte. Diese Isolierung aber muß die Entfremdung der Hochschule im Volke vermehren und es muß alles versucht werden, im studentischen Leben wiederum Orte einer Begegnung mit der Arbeitswelt des Volkes zu schaffen. Hier haben die Arbeitslager gegenüber der Universität ihre wichtigste Aufgabe zu erfüllen. Sie können die Nahtstelle zwischen Hochschule und Volk bilden.

Einfluß auf die Ausbildung neuer studentischer Lebensformen

Bereits heute läßt sich in einzelnen Fällen ein gesunder Einfluß feststellen, den die Arbeitslager auf das Leben an der Hochschule ausüben. Wo Dozenten an ihnen teilnahmen und als Kameraden ihrer Studenten sich mit unter das Lagergesetz stellten, mußte sich ein lebendigeres Verhältnis zwischen Professor und Student herausbilden, das der sehr im argen liegenden Hochschulpädagogik neue Möglichkeiten erschloß. Für die Studenten bedeutet das gruppenmäßige Zusammenleben in den Lagern wenigstens einen teilweisen Ersatz für die Collegeform, die in unserem Hochschulleben fast völlig fehlt, deren Elemente aber bei einer gesunden Reform studentischen Lebens in Zukunft nicht außer acht gelassen werden sollten. Ueberall läßt sich schließlich eine Aktivierung des politischen Verantwortungsgefühls der Studenten aus der Mitarbeit an den Arbeitslagern feststellen. Es sei hier nur an die süddeutschen Beispiele erinnert, wo die Studentenschaften und ihre Aemter unter Mitarbeit und Förderung durch die Hochschule Organisationen für die Veranstaltung von Arbeitslagern gründeten, in die mit großer Selbstverständlichkeit außerhalb der Hochschule stehende werktätige Gruppen einbezogen wurden. In anderen Fällen, bisher vor allem in der Schlesischen Jungmannschaft, bauten sich einzelne studentische Gruppen in die Erwachsenenbildung ein, übernahmen die Veranstaltung von Erwerbslosenkursen, gründeten Begegnungsstätten von Arbeitern und Studenten an den Hochschulorten und suchten sich ähnliche Stellen eines volkspolitischen Einsatzes[1]). Sie waren und sind hauptsächlich dort zu finden, wo neuer Lebensraum für die junge Generation gewonnen und gehalten werden muß.

Noch von einer dritten Seite aus vermögen die Arbeitslager Wesentliches zu einer Klärung der heutigen Lage der Hochschule beizutragen. Eines der schwierigsten Probleme ist bekanntlich die Ueberfüllung aller akademischen Berufe, die dazu geführt hat, daß in Wirklichkeit Zehntausende von jungen Menschen in einer verschleierten Erwerbslosigkeit auf den Hochschulen leben und auf Jahre hinaus nicht daran denken können, ihre Ausbildung gesellschaftlich zu verwerten. Es kommt also viel darauf an, den weiteren Zufluß abzustoppen und einem Teil der jetzigen Studierenden den Uebergang in andere Berufe zu ermöglichen[2]). Diese Aufgabe ist an den meisten Hochschulen bereits praktisch in Angriff genommen worden. Die Akademische Selbsthilfe ist, besonders auch an den Pädagogischen Akademien aus deren besonderer Notlage heraus, vorbildlich ausgebildet. An diesen Punkten können Arbeitslager und vor allem auch die längeren Veranstaltungen des freiwilligen Arbeitsdienstes wichtige Hilfe leisten. Sie können einmal für kürzere Zeit die Hochschule vom Ueberdruck entlasten; sie können aber auch der Anlaß dazu werden, daß sich einzelne Studierende oder Abiturienten entschließen, einen handwerklichen oder ländlichen Beruf dem Studium vorzuziehen, während ihnen normalerweise bei dem unmittelbarem Uebergang von der Schulbank in den Kollegsaal nicht die Möglichkeit gegeben wäre, aus praktischer Anschauung heraus einen solchen Entschluß zu fassen. Die Verbindung von freiwilligem Arbeitsdienst und Siedlung verdient in diesem Zusammenhang besondere Aufmerksamkeit.

---

[1]) In diesen Zusammenhang gehört auch die Studienreise der Schlesischen Jungmannschaft in die bulgarische Arbeitsdienstpflicht, 1928, die mit einen Anstoß gab zum Ausbau der Volkslager als kritische Position der Jugend und zur Diskussion um einen deutschen Arbeitsdienst. Ueber sie ist berichtet in dem bereits erwähnten Buch von Dr. Hans Raupach „Arbeitsdienst in Bulgarien", Studentenwerkschriften Band 5.

[2]) Die Bedeutung dieser Funktion der Arbeitslager für das Lebensraumproblem ist besonders klar gekennzeichnet im 4. Band der Studentenwerkschriften „Wo findet die deutsche Jugend neuen Lebensraum?".

Arbeitslager, freiwilliger Arbeitsdienst, Arbeitsdienstpflicht

Diese drei Begriffe sind in der öffentlichen Diskussion bisher häufig miteinander verwechselt worden. Was an ihnen gemeinsam ist und was sie trennt, wird sich am klarsten ergeben, wenn wir jeden von ihnen mit wenigen Strichen klar zu umreißen versuchen. Danach soll auf ihre Wechselwirkung eingegangen werden. Gegen Begriffsverwirrung

Arbeitslager, vor allem die nicht nur Mitgliedern eines Verbandes, sondern allen jungen Menschen offenen gemischten oder Volksgruppenlager sind etwas Erlebtes und Erfahrenes. Es ist kein Zufall, daß in diesem Buch bei der Darstellung der Geschichte und des Bildes der Arbeitslager immer wieder auf die Erfahrung verwiesen wird. Sagen wir es noch einmal, daß sie die Mitte halten zwischen einem Unternehmen mit wirtschaftlicher Zielsetzung und einer Art Volkshochschulkursus, daß bei ihnen körperliche und geistige Arbeit gleichen Rang haben, als Mittel einer erzieherischen Absicht, daß die Begegnung unterschiedlicher, sozialer Gruppen, von Anhängern verschiedener politischer und religiöser Bekenntnisse und Angehörigen beiderlei Geschlechtes von ihnen nicht fortgedacht werden kann, daß sie endlich eine ganz bestimmte, aus der Erfahrung gewonnene Teilnehmerzahl (bis zu 100) für eine ebenso bestimmte und ausgewogene Zeitspanne (3 bis 4 Wochen) vereinen. Arbeitslager frei experimentiert, vorwiegend volkspädagogisch

Der freiwillige Arbeitsdienst in seiner gegenwärtigen Gestalt ist Theorie und Praxis zugleich. In vielen Fällen decken sich noch in ihm beide nur zum geringen Teil. Nach den Vorschlägen der sogen. Braunskommission, deren Aufgabe es war, die möglichen Mittel zur Bekämpfung der Arbeitslosigkeit zu untersuchen, hat der freiwillige Arbeitsdienst durch die Zweite Notverordnung des Reichspräsidenten zur Sicherung von Wirtschaft und Finanzen vom 5. Juni 1931 in der Erweiterung des Gesetzes über Arbeitsvermittlung und Arbeitslosenversicherung (§ 139 a)[1]) und in der Verordnung über die Förderung des freiwilligen Arbeitsdienstes vom 23. Juli 1931[2]) eine gesetzliche Regelung erfahren. Was mit ihm erreicht werden soll, geht am klarsten hervor aus dem Erlaß des Präsidenten der Reichsanstalt für Arbeitsvermittlung und Arbeitslosenversicherung Dr. Syrup vom 29. Juli 1931 über die Durchführung des freiwilligen Arbeitsdienstes.[3]) Darin heißt es über Gegenstand und Wesen des freiwilligen Arbeitsdienstes: „Der freiwillige Arbeitsdienst . . . soll den Arbeitslosen, insbesondere solchen jugendlichen Alters, ermöglichen, ihre brachliegende Arbeitskraft ohne Eingehung eines Arbeitsverhältnisses in selbstgewollter, ernster Gemeinschaftsarbeit unter sachkundiger Leitung in nützlichen Arbeiten, die sonst nicht in Angriff genommen würden, zu betätigen und aus der Freiw. Arbeitsdienst notverordnet, vorwiegend noch wirtschaftspolitisch

[1]) Vgl. Anhang, Anlage 11a.
[2]) Vgl. Anhang, Anlage 11b.
[3]) Vgl. Anhang, Anlage 11c.

Arbeit selbst, sowie durch nebenhergehende Bildungsmaßnahmen körperliche und geistige Schulung zu empfangen." Nach ausführlichen Bemerkungen über die Träger der Arbeiten und Träger des Dienstes (B), Art der Arbeiten (C), heißt es unter (D) Personenkreis (3): „Der Charakter des freiwilligen Arbeitsdienstes wird ... ebensowenig beeinträchtigt durch die Beschäftigung anderer Personenkreise, mit denen ein Arbeitsvertrag nicht abgeschlossen ist, wie z. B. Studenten u. a." Ueber die Arten der Förderung (E), deren Beschränkung auf 20 Wochen auch die Dauer des freiwilligen Arbeitsdienstes auf 20 Wochen festsetzt, das Verfahren (F), die Anwendung von Vorschriften der Sozialversicherung und des Arbeitsschutzes (G), die Unterkunftsgewährung der Gemeinden (H) und die technischen Einzelheiten (J, K) unterrichten weitere Abschnitte. Nimmt man den Artikel 2 der Verordnung vom 23. Juli 1931 über den freiwilligen Arbeitsdienst hinzu, nach dem eine Förderung nur zulässig ist, „wenn Gewähr dafür besteht, daß die Zusammenlegung von Arbeitsgruppen im freiwilligen Arbeitsdienst nicht für politische oder staatsfeindliche Zwecke mißbraucht wird", so hat man das Wichtigste der Theorie des freiwilligen Arbeitsdienstes erfaßt.

Die Praxis entspricht dem in vielen Fällen noch nicht. Zahlreiche Unternehmungen des freiwilligen Arbeitsdienstes sind von einzelnen politischen Gruppen, sowohl der Rechten wie der Linken und der Mitte, für ihre Mitglieder durchgeführt worden. Nur in einem Teil dieser Fälle ist es zur Begegnung verschiedener Volksgruppen, obwohl die Veranstaltungen meistens die Möglichkeit allgemeiner Teilnahme betonten, auch wirklich gekommen. Sehr im Argen liegt es auch mit der geistigen Arbeit, auf die man, gezwungen durch das Fehlen geeigneter und fähiger Leiter, vielfach ganz verzichten mußte. Die Ausnahmen seitens der Arbeitslagerbewegung sind im Berichtsteil erwähnt.

Arbeitsdienstpflicht nur für Bulgarien verwirklicht

Die Arbeitsdienstpflicht ist in Deutschland bisher umstritten, Gegenstand der Forderung oder der Ablehnung des Einzelnen oder der politischen Gruppen. Es ist sehr verschieden, was unter ihr verstanden wird, bis zu welchem Umfang, welcher Dauer, in welcher Art man sie angewendet wissen will[1]). Es gibt bisher nur ein einziges Beispiel der Durchführung einer Arbeitsdienstpflicht, die „trudowa Powinnost" Bulgariens[2]).

Es ist Tatsache, daß unter denjenigen, die eine Arbeitsdienstpflicht für Deutschland fordern, sich manche befinden, die sich nur unzureichend über die politische, pädagogische und vor allem ökonomische Tragweite eines solchen Unternehmens Klarheit verschafft haben. Es kann gerade

---

[1]) Vgl. den Hinweis im beigegebenen Literaturverzeichnis.

[2]) Vgl. Band 5 der Studentenwerkschriften „Arbeitsdienst in Bulgarien" von Dr. H. Raupach, Verlag Walter de Gruyter u. Co., Berlin 1932. In diesem Band wird die Arbeitsdienstpflicht Bulgariens zum erstenmal ausführlich und mit aufschlußreichem Zahlenmaterial dargestellt.

aus der Erfahrung der Arbeitslager und des freiwilligen Arbeitsdienstes nicht scharf und klar genug gesagt werden, welche Vielzahl von Problemen eine deutsche Arbeitspflicht aufrollen würde. Wir glauben bei sorgfältiger und vorurteilsfreier Prüfung der politischen, wirtschaftlichen und sozialen Lage Deutschlands sagen zu müssen, daß Deutschland heute für das Experimentieren mit einer Arbeitsdienstpflicht nicht reif ist. Dem widerspricht schon rein gedanklich die Grundkonzeption einer Dienstpflicht, die nur aus einer umfassenden konstruktiven Idee heraus gedeihen kann[1]). Es wäre zu wünschen, daß man bei jedem weiteren Schritt der Entwicklung, etwa bei der Ausdehnung des freiwilligen Arbeitsdienstes, sich die bisherigen praktischen Erfahrungen zunutze machte und von ihnen ausgehend das zum Gebot werden läßt, was sich als freiwillige Leistung schon bewährt hat. Deutschland reif?

Arbeitslager stammen aus der nahen Vergangenheit und gehören der Gegenwart, sie sind aus unserer politischen, wirtschaftlichen und sozialen Wirklichkeit entstanden. Die Arbeitsdienstpflicht ist vorläufig noch Gedanke, ist Wunschbild und wird, wenn sie kommen sollte, erst allmählich und in der Zukunft sich verwirklichen. Zwischen Arbeitslagern, die, wie die Erfahrung bewies, auch in politisch-sozialer Hochspannung möglich sind, und der Arbeitsdienstpflicht steht als Voraussetzung und Mittler ein Begriff, den das Wort Volksgemeinschaft mehr anklingen läßt als aussagt. Man hat den Arbeitslagern trotz aller Wirklichkeitsnähe, die ihr bestes Teil war und ist, von seiten politischer Gruppen immer wieder unterstellt, sie wollten Volksgemeinschaft künstlich und im kleinen verwirklichen. Sie helfen allerdings den Boden für die Gemeinschaft schaffen. Wenn nicht alle Zeichen trügen, so wachsen wir in eine Zeit hinein, die wieder das Gemeinsame bejahen will. Die Gemeinschaft kann nicht gemacht werden, sie entsteht nicht künstlich, aber sie wächst, ist da und ist lebenskräftig, wenn die richtigen Voraussetzungen für sie geschaffen sind. Man meidet auf Arbeitslagern das Wort Gemeinschaft, aber man hatte den Mut, sich zu ihr zu bekennen, wenn sie erstand. Wenn wirklich 100 junge Menschen verschiedenster Herkunft, verschiedenster Lebenserfahrungen, gegensätzlichster politischer Ueberzeugung gemeinsam empfanden, hier sind Werte, die uns alle berühren, hier geschehen Dinge, die unsere Dinge sind, wenn es möglich war, daß nach leidenschaftlichem geistigem Kampfe, nach dem menschlichen Erlebnis der Mitteilung, nach einem künstlerischen Erlebnis viele Ich ein W i r empfanden: dann wurde nichts plakatiert; es gab jenes schweigende Wissen, das allein solchem neu entstehenden Gefühl entspricht. Daß von jungen Menschen Gemeinschaft empfunden wurde, das macht die Arbeitslager zu dem, was sie heute sind, und läßt für die Zukunft hoffen. Wird dieses „Wir" von einer breiten Schicht der Jugend empfunden, dann ist die beste Voraussetzung für die Arbeitsdienstpflicht geschaffen.

[1]) Vgl. ebenda, Seite 85.

Wichtiger zunächst, weil klarer und an Wirklichkeiten anknüpfend, ist das oben dargestellte Verhältnis zwischen Arbeitslager und freiwilligem Arbeitsdienst. Die Arbeitslager sind älter als der freiwillige Arbeitsdienst, ihr beträchtliches Erfahrungsgut an vorbildlicher Lebensgestaltung gemischter Gruppen, an Durcharbeitung und Durchführung der geistigen und pädagogischen Arbeit, an Gestaltung der körperlichen Arbeit sollte allgemein für den freiwilligen Arbeitsdienst nutzbar gemacht werden. Es sollte aber auch erhalten werden für Zeiten, die infolge einer glücklicheren wirtschaftlichen Lage der wirtschaftlichen Seite des freiwilligen Arbeitsdienstes entraten könnten, die soziale und erzieherische Möglichkeit des Arbeitslagers als wertvolle Erkenntnis einer Notzeit aber stets pflegen sollten.

Arbeitslager mehr als Krisenbehelf

III. Erfahrungen

Einleitung

Das letzte Jahr hat gezeigt, daß die Arbeitslagerbewegung an Boden gewinnt, neue Trägergruppen überall in ihre Reihen treten und daß die öffentliche Meinung sich mit ihr auseinanderzusetzen beginnt. Es kann nicht ausbleiben, daß sie durch diese Entwicklung der Möglichkeit von Mißverständnissen ausgesetzt wird. Bei der allgemeinen politischen Nervosität droht besonders die Gefahr, daß der politische Tageskampf sich hier ein Betätigungsfeld sucht, weil heute das Einfachste offenbar am schwersten zu begreifen ist, daß nämlich umfassende neue Gestaltungsaufgaben nur in gemeinsamer Arbeit aller Volksschichten angepackt werden können. Es ist besonders die allgemeine Unklarheit über die Begriffe Arbeitslager und freiwilliger Arbeitsdienst auf der einen Seite, allgemeine Arbeitsdienstpflicht auf der anderen Seite, die oft zu Verwechslungen führt. Bei dem parteipolitisch umstrittenen Charakter der Arbeitsdienstpflicht liegt aller Anlaß vor, zu erklären, daß es sich hier in beiden Fällen um verschiedene Dinge handelt. Es ist zu hoffen, daß politisch einsichtige Menschen nicht auf die Dauer Gegner der hier dargestellten Arbeitslagerform bleiben können; daß sich eine völlig einheitliche und zustimmende öffentliche Meinung herausbildet, ist freilich nicht anzunehmen. Es gibt keine Bewegung ohne Anfeindung durch die, die sie nicht verstehen können, und ohne Mißdeutung von denen, die ihre Freunde sein wollen, denen aber die Synthese von gutem Willen und Einsicht nicht immer gelingt. Sicherung gegen Mißverständnisse aus der Tagespolitik

Das wachsende Interesse der Oeffentlichkeit kann der Bewegung auch gefährlich werden. Wenn diese Veröffentlichung im folgenden in einer handbuchähnlichen Form die bisherigen Erfahrungen zusammenfaßt und damit den Veranstaltern künftiger Lager den Weg erleichtern will, so ist vorher eine Warnung notwendig. Dieses Buch enthält keine Rezepte, die man nur zu nehmen braucht, damit ein Arbeitslager zustande kommt. Mancher würde sich wundern, was dabei herauskommt. Die Zusammenordnung gesellschaftlicher Gegensätze stellt jedes Lager unter hohen Druck, schafft in jedem Augenblick Situationen, die die

Gefahr des Zerbrechens enthalten, sie verlangt deshalb von den Veranstaltern wesentlich mehr als ein gutes Organisationstalent.

Freie Bahn dem Selbstgestaltungswillen

Neben den Gefahren der politischen Mißdeutung einerseits, des Dilettantismus der Veranstalter bei allem Eifer und gutem Willen anderseits, kann eine Bedrohung der Arbeitslagerbewegung dann eintreten, wenn die stärkere Ausbreitung zu dem Versuch einer behördlichen Zentralisation führen sollte. Ein warnendes Beispiel aus den letzten Jahren ist die Uebernahme der Ziele der Jugendbewegung in die staatliche Jugendpflege, bei der die Bewegungsbünde und ihre Führer von den schwerfälligen großen Verbänden mit ihren Vorsitzenden in vielen Fällen an die Wand gedrückt worden sind; ohne dauernden Schaden übrigens, wie gerade die Geschichte der Lagerbewegung zeigt, in der die immer wieder totgesagte Jugendbewegung ihre Lebenskraft erneut unter Beweis gestellt hat. Eine solche verwaltungsmäßige Ueberlagerung kann deshalb leicht geschehen, weil Arbeitslager Zuschüsse brauchen, um ihre volkspädagogische Aufgabe zu erfüllen. Die Lager als Selbsthilfewerk, von jungen Menschen gegründet, verdanken aber gerade ihr Gelingen gesunder Selbstverwaltung und der freiwillig gewährten, verständnisvollen Mitarbeit von Amtsträgern des öffentlichen Lebens. *Diese Voraussetzungen müssen erhalten bleiben*; aber das Verständnis für sie gedeiht nicht überall in der Atmosphäre der Büros. Mit Dank und Freude können die Veranstalter der bisherigen Lager feststellen, daß in vielen öffentlichen Verwaltungen und Bildungsanstalten bereits eine ganze Anzahl Freunde für die Bewegung gewonnen sind. Auch weiterhin wird die Arbeit am besten vorwärtsgehen, wenn der politischen und pädagogischen Initiative der jungen Generation freier Spielraum gelassen wird. Die Orte sind in unserem Volk noch selten, wo gesellschaftliche Bewegungen solcher Art von unten her in Gang gebracht werden. Der gesunde, politische Gestaltungswille der Jugend ist ein durch seine Seltenheit kostbares Gut und geeignet, der drohenden Nivellierung des Lebens infolge der Zentralisation auf allen Gebieten des öffentlichen Lebens, wie sie unsere Wirtschaftsordnung immer notwendiger macht, entgegenzuarbeiten. Wo er deshalb in der Veranstaltung von Arbeitslagern in Erscheinung tritt, sollten Staat und Verwaltung ein Interesse haben an einer von reglementierenden Eingriffen ungestörten Entfaltung.

Die persönlichen Voraussetzungen

Die Träger der Lagerarbeit

Freiwilligkeit und Gruppenleistung

Gerade weil ein Arbeitslager in seinem Gelingen nicht allein von der organisatorischen Vorbereitung abhängt, steht die Frage, wer ein Lager veranstalten und zum guten Ende führen soll, notwendig am Anfang. Die bisherigen Lager sind geschaffen worden durch die Führer-

kreise in den Jugendbünden, durch die Zusammenarbeit der Jugendbewegung mit der Erwachsenenbildung oder durch den freiwilligen Einsatz einzelner, die bei der Arbeit zu einer festen Gruppe zusammenwuchsen. In allen Fällen war die Voraussetzung die gemeinsame Leistung und die Freiwilligkeit, und die Erfolge beruhten lediglich auf dem Vertrauen, das die menschliche Haltung der Veranstalter bei den unterstützenden Behörden und bei den Teilnehmern erwarb. Das muß betont werden, weil besonders bei den Volkslagern leicht von älteren Geschäftsführern, Funktionären politischer Parteien usw. der Versuch gemacht werden wird, einen paritätischen Ausschuß oder etwas Aehnliches mit der Vorbereitung zu betrauen. Solche aus der Ideologie des Vereinswesens hervorgegangene Dachorganisationen sind in den seltensten Fällen fähig, eine Arbeit zu leisten, zu der werbende und bindende Kräfte und ein auf Vertrauen beruhender Auftrag notwendig sind.

Diese Voraussetzungen müssen deshalb erfüllt sein, weil mit der Veranstaltung eines Lagers auch die Verantwortung für seine Durchführung übernommen wird. Weil es hierbei um mehr geht, als um bloße technische Vorbereitung und Organisation, wie sie auch von beruflichen Funktionären oder Beamten geleistet werden könnte, weil der menschliche Ertrag der Lager abhängt von dem auf sie verwandten persönlichen Aufwand, erfordert diese umfassende Aufgabe den Einsatz einer G r u p p e, die das Lager zu tragen fähig ist. Denn die Lagergestaltung kann in ihrer Mannigfaltigkeit nur schwer von einem einzelnen geleistet werden. Weil die Lager echtes gesellschaftliches Geschehen darstellen sollen, muß die Lagerform v o r g e l e b t werden, muß eine Gruppe vorhanden sein, die sich dem Lagergesetz zuerst einordnet und die Möglichkeit einer Zusammenarbeit trotz aller Verschiedenheiten beispielhaft zeigt. Einen solchen Kristallisationskern gab es auf allen bisherigen Volkslagern, sei es, daß er von vornherein als feste Gruppe in die Arbeit eintrat (Schlesische Jungmannschaft), daß er sich bei der Vorbereitungsarbeit bildete (Norddeutschland), oder daß er sich als Kerngruppe auf einem Lager zusammenschloß, um das nächste Lager vorzubereiten und zu tragen.

Führungseigenschaften: Persönlichkeit

Auch innerhalb eines solchen verantwortlichen Kreises bleibt die F ü h r e r f r a g e noch zu lösen. Es fehlt zum Glück nicht an jüngeren und ganz jungen Anhängern der Arbeitslagersache, die sich an der Leitung beteiligen und auf Teilgebieten hingebende Arbeit leisten können. Was mangelt und was nicht entbehrt werden kann, sind einzelne ältere Führer, die jung geblieben sind. Sie müssen, ohne auf die Autorität zu pochen, sich kraft ihrer größeren Erfahrung, ihrer umfassenderen Einsicht durchsetzen können. Sie müssen viel wissen und nicht damit protzen, sie müssen sachlich sein, ohne kaltschnäuzig zu werden, gütig, ohne sich an das Gefühl zu verlieren. Willenskraft wird von ihnen gefordert und viel menschliches Verständnis; an Menschen mit diesen Eigenschaften herrscht in Deutschland gewiß kein Ueberfluß.

Es gehört viel menschliche Reife und gesellschaftliches Taktgefühl dazu, um der oft in wenigen Stunden wechselnden Situation eines spannungsreichen Volkslagers sich gewachsen zu zeigen, und nicht weniger schwer und verantwortlich ist die Führung in den Lagern des freiwilligen Arbeitsdienstes, wo die innere Spannung vielleicht geringer ist, wo aber die längere Dauer und die notwendigerweise straffere Arbeitsdisziplin die stärkeren pädagogischen Leistungen erfordern. Das Vertrauen eines Lagers will jeden Tag neu erworben sein, und deshalb ist zu beachten, daß auch die älteren Führer sich noch als innerlich zur jungen Generation gehörig ausweisen können. Auch die alte Generation hat ihre wichtigen Aufgaben auf einem Lager; aber sie müssen sich auf Lehre, Rat und Hilfe beschränken, die Führerfunktion darf nicht dazu gehören, wenn anders die Lager nicht ihren Charakter als selbstgeschaffene Lebensform der Heranwachsenden im Alter von 18 bis 28 Jahren verlieren sollen.

Erfahrung

Bei den verantwortlichen Leitern steht neben der persönlichen Reife als Erfordernis die gesellschaftliche Erfahrung. Sie müssen sich mit den wichtigsten Fragen der sozialen Gruppen vertraut gemacht haben, sie dürfen nicht aus mangelndem Verständnis der einen oder anderen gegenüber die freiwillige Offenheit aller untereinander gefährden. Werkarbeit auch als Werkstudentenzeit in der Fabrik oder auf dem Dorf, Wanderungen im In- und Ausland, Mitarbeit in der Erwachsenenbildung sind dafür gute Voraussetzungen. Schließlich muß die Trägergruppe in ihrer Haltung den Nachweis führen, daß sie zu

Neutralität

positiver Neutralität gegenüber allen politischen und weltanschaulichen Gegensätzen imstande ist. Sie muß auflockernd wirken und die vorzeitige Verspannung des Lagers in das bestehende System der sich bekämpfenden Gruppierungen in der Erwachsenenwelt verhindern können. Denn so wünschenswert und notwendig es ist, daß die Teilnehmer eine klare Anschauung mitbringen und wissen, wohin sie politisch gehören, so lähmend wäre es für den Ablauf des Lagers, wenn jeder ängstlich in der Isolierzelle seiner mitgebrachten Meinung verharrte und nicht darüber hinaus Verständnis für die Grundlagen und die Triebkräfte fremder Ansichten und Handlungen aufbringen könnte. Die Teilnahme am Lager ist eine Fahrt in die offene See aus den geistigen Heimathäfen der einzelnen; die Leitung muß dabei den Lotsendienst übernehmen können.

Die Teilnehmer und ihre Zusammensetzung

Unterschiede nach den Aufgaben der Lager

Die Zusammensetzung der Teilnehmer wird durch die Absicht bestimmt, aus der heraus ein Arbeitslager veranstaltet wird. Nach den bisherigen Erfahrungen kann dreierlei vor allem von Arbeitslagern erwartet werden: einmal das Herausarbeiten einer sinnvollen Lebensform für die junge Mannschaft durch besondere Sorgfalt in der äußeren Gestaltung; ferner die Begegnung einander fremder Gruppen, die durch die Lagerform zu fruchtbarer Zusammenarbeit geführt werden; schließlich bei der Uebertragung auf die heutige Notlage der Versuch zur Wiedereingliederung der unverschuldet arbeitslos gewordenen Jugend in die Arbeitswelt und in das gesellschaftliche Leben des Volkes.

Das erste Ziel ist bisher vor allem in den Lagern der bündischen Jugend angestrebt worden und in Veranstaltungen mit ähnlich einheitlicher Zusammensetzung des Teilnehmerkreises. Es ist zu erwarten, daß hier auch weiterhin die Aufgaben solcher geschlossener Verbandslager liegen werden[1]). Die zweite Absicht erfordert eine gewollte Gruppenbildung unter den Teilnehmern, wobei die Richtpunkte der Gruppierung wiederum sehr verschieden sein können. Auf den bisherigen Lagern hat es folgende Gegenüberstellungen gegeben: Angehörige verschiedener Bünde der Jugendbewegung, Reichsdeutsche und Auslandsdeutsche, deutsche Studenten und auslandsdeutsche Studenten, Jugendgruppen der verschiedensten Konfessionen, Werktätige aus den verschiedensten Berufsgruppen — Arbeiter, Bauern, Handwerker, Angestellte und Beamte — und Studenten verschiedener Fakultäten, männliche und weibliche Teilnehmer, jeweils aus den verschiedenen Gruppen Mitglieder aller politischen Parteien. Dem dritten Zweck schließlich dienen die im Rahmen des freiwilligen Arbeitsdienstes durchgeführten Lager, wobei immer wieder darauf hinzuweisen ist, daß nicht nur die werktätige Jugend der Existenzgefährdung durch Arbeitslosigkeit unterliegt, sondern daß die jungen Akademiker, die in den letzten Jahren ihr Studium abgeschlossen haben, und die Studenten, die eine aussichtslose Zukunft erwartet, an diesem Schicksal teilhaben.

Zusammensetzung in Verbandslagern

Bei den Verbandslagern jeder Form ist die Zusammensetzung der Teilnehmer insofern kein gesellschaftliches Problem, als die Verbandszugehörigkeit der entscheidende Maßstab ist und die Werbung über die Verbandsorgane keine besonderen Schwierigkeiten macht oder Aufgaben stellt. Jedoch sollte auf eine Auflockerung isolierter Lagerversuche immer stärker hingearbeitet werden; es ist zu begrüßen, daß z. B. auf den Veranstaltungen des Jungdeutschen Ordens Wert gelegt worden ist auf die Teilnahme von Außenstehenden. Die junge Generation aller Richtungen kann kein Interesse haben an einem Ausbau der Lagerbewegung und insbesondere des freiwilligen Arbeitsdienstes, in dem sich lediglich die Zerklüftung und die verständnislose Gegensätzlichkeit des heutigen gesellschaftlichen Lebens widerspiegeln würde. Die Gefahr, daß die Entwicklung dazu führt, ist aber bei einer stärkeren Einschaltung betont politischer Verbände als alleiniger Träger von Lagern durchaus gegeben. Im übrigen gilt auch für alle diese Lagerformen die allgemeine Erfahrung mit, daß eine bunte Mannigfaltigkeit

[1]) So sind einzelne von Wehrverbänden ausgehende Versuche, die Arbeitsschulung mit Wehrertüchtigung durch Pflege von Wehrsport usw. zu verbinden, nur in dem Rahmen geschlossener Verbandsveranstaltungen denkbar, nicht auf Volkslagern.

der Belegschaft nach Berufen und nach Temperamenten und eine gute Auslese nach persönlichen Qualitäten die beste Voraussetzung für einen lebendigen Verlauf ist, auch wenn die Verbandszugehörigkeit der vordringliche Auslesegesichtspunkt sein sollte.

„Arbeiter, Bauern, Studenten"1 Die Volkslager, die als Hauptaufgabe eine Begegnung sozial bestimmter Gruppen haben, sind nach den schlesischen und norddeutschen Beispielen vor allem bekannt als „Arbeitslager für Arbeiter, Bauern und Studenten". Dieser Name ist in der Aufzählung der Gruppen unvollkommen, die ja keine Stände bedeuten können. Zur Vermeidung von Mißverständnissen bedarf er deshalb einer Erklärung:

Nur beim Bauern kann man heute von „Stand" sprechen; beim Studenten nicht, da das Gemeinsame des Studentseins kein gesellschaftlicher Begriff ist, kaum eine geistige Einheit. Bei den Arbeitern spielt der Standesbegriff vielleicht noch eine Rolle bei solchen Teilnehmern, die sich bewußt als Handwerker bezeichnen; bei den Dorfhandwerkern ist dieser Abstand vom „Arbeiter" am deutlichsten, sie gehören in der gesellschaftlichen Gruppierung näher zu den Bauern. Auf der anderen Seite stehen die bewußt als „Klasse" sich empfindenden Arbeiter, Gewerkschaftsmitglieder und Angehörige der sozialistischen Parteien. Diese Aufzählung wäre auch unvollkommen; die Angestellten und Beamten z. B. spielten auf manchen Lagern eine erhebliche Rolle und auch bei ihnen findet sich die Spaltung in diejenigen, die versuchen, ihre wirtschaftliche Zwischenstellung in die Ideologie eines neuen Mittelstandes umzuprägen, und diejenigen, die aus der Arbeitnehmersituation die Notwendigkeit des Klassenkampfes folgern. Die Heraushebung der „Arbeiter, Bauern und Studenten" ist also nur eine für die Werbung zweckmäßige Zusammenfassung einiger repräsentativer Gruppen. Die gesellschaftliche Schichtung geht quer hindurch; zwischen dem Arbeiterstudent und dem Sohn eines Fabrikanten ist die Gemeinsamkeit Student meist schwächer als die Trennung nach der sozialen Herkunft, Fabrikarbeiter und Dorfhandwerker finden wenig Gemeinsamkeit als „Arbeiter", selbst bei Bauern prägt sich zwischen dem Häusler und dem Großbauernsohn eine Kluft aus, ganz abgesehen von dem Landarbeiter, besonders, wenn politische Fronten zwischen ihnen verlaufen. Vertikal durch alle drei Gruppen hindurch schließlich gehen die Konfessionen und die politischen Bekenntnisse, und wenn das Lager daraufhin angesprochen wird, ergeben sich Gruppierungen, in denen die gesellschaftliche Schichtung kaum mehr zu erkennen ist.

Die Hervorhebung der drei Gruppen hat dennoch ihren guten Sinn, weil sie ein gewisses gesellschaftliches Gesamtbild ergibt, in dem aus allen eben angeführten Gegensätzen die Gegenüberstellung von ländlicher und städtischer Arbeitswelt besonders hervortritt. Diese Begegnung ist auf vielen Volkslagern das Hauptthema gewesen. Die Studenten anderseits bilden zwar nicht eine gleich gewichtige dritte Gruppe für sich, aber sie sind die notwendige Mittlerschicht zwischen den anderen und vor allem Träger der Lagerform.

Gruppenanteile bestimmt durch die Rolle im Lagerleben

Ueber das Anteilsverhältnis der Gruppen an der Teilnehmerzahl läßt sich als bisherige Erfahrung aussagen, daß bei den Volkslagern eine ungefähre zahlenmäßige Ausgeglichenheit den Ablauf erleichtert. Die Studenten erscheinen meist als reichlich gleichförmige Schicht, die Gliederung zwischen ihnen läuft viel weniger nach geistigen Interessengebieten oder nach Fakultäten, sondern nach bündischen Gruppen, Freistudenten, Korporationsstudenten. Ihre geringe gesellschaftliche Eindeutigkeit bringt es mit sich, daß zu einem guten Ausgleich ihre Zahl verhältnismäßig groß sein kann. Das gerade Gegenteil ist bei den Bauern der Fall. Sofern die Jungbauern nur einigermaßen ausgewählt sind, verkörpert in der Regel der einzelne weit mehr gesellschaftliche Persönlichkeit und Ausdrucksfähigkeit in Haltung und Sprache als der durchschnittliche Student. Da ferner die Gemeinsamkeit der Haltung bei ihnen sehr ausgeprägt zu sein pflegt, ergibt schon eine geringe Anzahl von Bauern eine feste Gruppe in der Lagergesamtheit. Die Gruppe „Arbeiter" ist meist in sich sehr uneinheitlich. Besteht sie überwiegend aus geschulten jungen Sozialisten, dann gilt ähnliches wie bei den Bauern, nur daß die Eindeutigkeit ihrer Wirkung nicht so sehr in ihrer gesellschaftlichen Persönlichkeit, sondern in ihrem gesteigerten gesellschaftlichen Bewußtsein begründet zu sein pflegt. Aber eine solche Beschränkung wäre kein Vorteil für das Lager, das gerade von der Mannigfaltigkeit der einzelnen Lebenstypen seine Spannung bekommt. Der christliche Gewerkschafter, der Dorfhandwerker, der Meisterssohn aus der Kleinstadt und ebenso die verschiedenen Typen von Angestellten gehören in diese Gruppe gleichfalls hinein, die bei solcher Mannigfaltigkeit besser mehr als ein Drittel der Teilnehmer stellen soll.

Besonderheiten bei Erwerbslosen

Gegenwärtig jedoch werden natürlich erwerbslose junge Arbeiter und Angestellte fast ausschließlich vertreten sein. Nach den bisherigen Beobachtungen läßt sich sagen, daß dadurch eine gewisse Erschwerung eintritt, weil naturgemäß der Jugendliche — besonders nach langer Arbeitslosigkeit — sich seelisch gedrückt zeigt und an innerer Spannkraft verloren hat, und infolgedessen die zu einer fruchtbaren Begegnung notwendige innere Aufgeschlossenheit erst allmählich geschaffen werden kann. Der Verlust der unmittelbaren Verbindung mit der Arbeitswelt drückt sich oft in einem Verblassen der gesellschaftlichen Persönlichkeit aus; die Verständigungsmöglichkeiten dieser Arbeiter z. B. mit den unmittelbar von ihren Höfen kommenden Jungbauern sind wesentlich geringer als bei beurlaubten, nichterwerbslosen Arbeitern. So notwendig und wichtig es ist, daß heute die überall stattfindenden Arbeitslager zugleich im Dienst einer sinnvollen Erwerbslosenhilfe stehen, so muß doch betont werden, daß das reine Bild des Volksgruppenlagers und seine besten Gestaltungsmöglichkeiten davon abhängen, daß es über die gegenwärtige Notzeit hinaus auch in Zukunft für die werktätige Jugend in erster Linie Besinnung im arbeitserfüllten Jahreslauf ermöglicht.

Mädchen und Frauen als Teilnehmer

Einen starken Fortschritt zu einer größeren Lebensnähe erfuhren die Lager durch die Teilnahme von Mädchen und Frauen. Der erste Versuch wurde auf dem dritten Schlesischen Lager unternommen; die norddeutschen Lager haben ihn zur Regel gemacht. Die Wirkung auf die Lageratmosphäre und die Lagersprache ist sehr vorteilhaft. Das Fehlen von Mädchen dagegen fördert einen kasernenmäßigen, lauten, alles Besinnliche leicht überdröhnenden Umgangston und erschwert die Lagerdisziplin vor allem an den Abenden. Für die Lagerführung allerdings entsteht eine Erschwerung ihrer Aufgabe, oder sie kann wenigstens entstehen. Wenn Frauen und Mädchen zum Lager hinzugezogen werden, so empfiehlt es sich, bei der Werbung darauf zu achten, daß der Altersdurchschnitt nicht zu niedrig liegt und auf die Auswahl besondere Aufmerksamkeit verwendet wird. Die Anteilszahl beträgt am besten nicht die Hälfte aller Teilnehmer, sondern ein Viertel bis ein Drittel.

Alter der Teilnehmer

Die Teilnehmer werden am besten der Altersschicht von 18 bis 25 Jahren entnommen. Jüngere stören das Lagerleben, da sie noch nicht reif dafür sind. Die Teilnahme von einzelnen geeigneten Aelteren dagegen hat sich bewährt, sofern dadurch nicht das einheitliche Generationsempfinden spürbar durchbrochen wurde.

Gesichtspunkte für die Werbung

Allgemein ist bei der Werbung zu beachten, daß das Lager an jeden Teilnehmer hohe Anforderungen stellt, und daß ein befriedigender Verlauf um so eher möglich ist, je mehr bei der Auswahl auf die persönliche Qualifikation des einzelnen geachtet wurde. Das gilt für alle Gruppen, auch und zwar in erster Linie für die Studenten, bei denen der andere anzuwendende Auslesegesichtspunkt, nämlich die Fähigkeit zur Vertretung der jeweiligen Klassen- oder Standesidee mangels einer einheitlichen studentischen Haltung kaum angewandt werden kann. Eine fruchtbare Auswirkung der Lagerarbeit über die gesamte Jugend der Landschaft hin, in der Lager stattfinden, kann um so eher erwartet werden, je mehr bei der Werbung nicht Einzelstehende, sondern Führer und Vertreter von Verbänden und Jugendgruppen herangezogen werden, die in der Lage sind, die Lebensform des Lagers und seine geistige Spannung als Keime ihrer Gruppenarbeit einzusetzen. Die persönliche Werbung und Auswahl durch die Vorbereitungsgruppe wird vor allem zu einer guten Auslese beitragen können. Allerdings darf diese Art Werbung nicht ohne die Verbände, denen die Teilnehmer angehören, vorgenommen werden, weil sonst die Gefahr besteht, daß diese sich übergangen fühlen und daß in einzelnen Verbandsleitungen daraus eine negative Einstellung zu den Lagern sich bildet. Die Auswahl darf aber nicht zu hohe Ansprüche stellen, weil sonst die Aufgabe der Lagergestaltung zu sehr vereinfacht wird.

Ueber die Zahl der Teilnehmer ist zu sagen, daß die Hundert-Mann-Grenze sich bisher bei den 3—4wöchigen Volkslagern als die äußerste nach oben erwiesen hat, die noch eine intensive und kontrollierbare Mitarbeit aller gestattete. Im allgemeinen ist die Zahl von 70 bis 80 die beste. Sind es mehr, so wächst die Unübersichtlichkeit des Lagers und die Anforderungen an die Führer sehr schnell, sind es weniger, so wird nur ein Teil der wichtigsten Gruppen erfaßt und die Mannigfaltigkeit nicht gewährleistet, die dem Lager den Schwung gibt, um im Ablauf der drei Wochen den toten Punkt zu überwinden. Da die organisatorische Vorarbeit ungefähr die gleiche bleibt, ob es sich um 50 oder 100 Teilnehmer handelt, so werden Lager mit 100 Teilnehmern billiger und lohnen mehr die aufgewandte Mühe. Lagerform und Teilnehmerzahl

In Veranstaltungen des freiwilligen Arbeitsdienstes wird bei längerer Dauer des Lagers, bei einer Arbeitszeit von etwa 6 Stunden und einer auf die Erfassung breiterer Schichten gestellten Auswahl die Teilnehmerzahl auch höher sein können. Auf diesem Gebiete liegen indessen noch nicht genügende Erfahrungen vor. Bei Veranstaltungen mit einigen hundert Teilnehmern wird die Bedeutung der Untergliederung und damit der Unterführer besonders hervortreten. Die Teilnehmerzahl ist beim freiwilligen Arbeitsdienst ferner stärker abhängig von der Beschaffenheit der Arbeitsobjekte. Bisher ist es immer möglich gewesen, nicht zu große Kolonien anzusetzen; es wird auch in Zukunft besser sein, statt eines Massenlagers mehrere kleinere und gut durchorganisierte nebeneinander einzurichten, weil dadurch die Kräfte der Selbstgestaltung und Selbstverwaltung besser gelöst und das Herauswachsen einer Führerschicht aus dem Teilnehmerkreis besser gefördert werden kann.

Die Ausgestaltung

Zeit, Ort und Dauer der Lager

Die zeitliche Einordnung der Lager in den Jahreslauf ist von vornherein festgelegt durch die klimatischen Voraussetzungen für Außenarbeiten, bei Teilnahme von Studenten durch die akademischen Ferien und bei vollständigen Volksgruppenlagern durch die Arbeitsverteilung in der bäuerlichen Wirtschaft. Sie können also stattfinden nur in der frostfreien Jahreszeit von Anfang März bis Ende Oktober, innerhalb dieser Zeit wiederum nicht in den Semestermonaten Mai bis August; bei der Teilnahme von Jungbauern konzentriert sich der Zeitraum eigentlich nur noch auf den Monat März, die Zeit zwischen Schneeschmelze und Frühjahrsbestellung, weil der April und die Monate August, September und Oktober den Jungbauern in der Wirtschaft voll in Anspruch nehmen. Die meisten bisherigen Volkslager haben deshalb im März stattgefunden, schon im April und gar erst im Herbst hat die Werbung unter den Bauern wenig Erfolge gehabt. Eingliederung in den Jahreslauf

Zeitliche Schwierigkeiten bei Teilnahme von Bauern

Die Beschränkung auf einen Monat im Jahr bringt allerdings dann einen Nachteil mit sich, wenn die Lager in einer Landschaft so viel Interesse gefunden haben, daß ohne Rücksicht auf die Teilnahme von Bauern eine Reihe von Lagern stattfinden könnte. Seit der Einführung des freiwilligen Arbeitsdienstes ist eine solche Erweiterungsmöglichkeit der Arbeit überall zu beobachten. Es kommt hinzu, daß meist erst mit dem Beginn der Feldbestellung die Voraussetzungen für andere Außenarbeiten gegeben sind, so daß die Arbeitsbeschaffung im März oft auf Schwierigkeiten gestoßen ist und an manchen Frosttagen die körperliche Arbeit ausfiel oder verkürzt werden mußte. Ein Ausweg aus dieser Schwierigkeit, bei einem vollständigen Volkslager auf nur einen Monat im Jahre angewiesen zu sein, der zudem schlechte Voraussetzungen für produktive Werkarbeit bietet, ist schwer zu finden. Die Bauern sind auf den bisherigen Lagern ein sehr wichtiger Bestandteil der Teilnehmerschaft gewesen. Gerade weil in der heutigen Zeit die Lösung des Problems Stadt und Land unter dem Druck der wirtschaftlichen und gesellschaftlichen Gesamtentwicklung zu einer dringenden volkspolitischen Aufgabe wird, können die Arbeitslager hier eine wichtige Aufgabe erfüllen, weil sie praktische Einsatzmöglichkeiten für die junge Generation vorbereiten und eine einheitliche Stellungnahme der Land- und Stadtjugend herbeiführen können.

Ausgleichsmöglichkeiten für Volkslager

Nach den bisherigen Erfahrungen kann bei Lagern, die im Herbst stattgefunden haben, ein gewisser Ersatz geschaffen werden, indem das Lager selbst auf das Dorf hinaus verlegt wird und die Lagerführung versucht, die Teilnahme von Bauern aus dem Ort und der Umgebung wenigstens für einen Teil des Tageslaufes zu erreichen, gegebenenfalls dadurch, daß Arbeitskräfte aus der Belegschaft den Jungbauern auf seinem Hof entlasten. Wenn bei dieser Gelegenheit der Arbeiter oder der Student Einblicke in den Wirtschaftsbetrieb erhalten, so kann auch bei dieser Lösung eine ausreichende Fühlungnahme erreicht und damit die positive Spannung des Volksgruppenlagers hergestellt werden. Die Herbstmonate, besonders der September und Oktober, sind insofern für diesen Typ des Lagers geeignet, als die Hackfruchternte Arbeitsgelegenheiten für zusätzliche und ungeschulte Kräfte bietet. Die Körnerernte kommt weniger in Frage, weil sie noch zum Teil in das akademische Semester fällt und außerdem die Zeit der Jungbauern zu stark beansprucht, während im Herbst die längeren Abende schon eher eine Teilnahme am Lager möglich machen. Aufschlußreich ist in diesem Zusammenhang der Weg, den die ersten Badischen Arbeitslager gegangen sind. Dort haben Arbeitslose, deren Teilnahme durch die Bestimmungen über den freiwilligen Arbeitsdienst ermöglicht wurde, und Studenten in Egringen bei Lörrach für die Gemeinde Entwässerungsgräben gezogen unter Mitarbeit der Jungbauern des Ortes; als Entgelt wurden sie während der Lagerdauer bei den einzelnen Bauern in Kost genommen, während die Unterbringung zentral erfolgen konnte. Das Ergebnis war ein gutes Verhältnis zwischen Dorf und Lager.

Anders liegt die Frage, wenn im Rahmen des freiwilligen Arbeitsdienstes größere Aufgaben in Angriff genommen und längere Lager veranstaltet werden. Bei der Teilnahme von erwerbslosen Arbeitern und Akademikern können sie sich über das ganze Jahr erstrecken, soweit die Witterung die Außenarbeit erlaubt; so haben z. B. die von der Stuttgarter Studentenschaft veranstalteten Arbeitskolonien auf der Solitude über den Winter seit 1931—1932 hinaus gedauert. Die sehr wünschenswerte Teilnahme von Studenten würde sich in größerem Umfange wohl nur in den Semesterferien ermöglichen lassen, wenn auch in einzelnen Fällen die gegenwärtige Aussichtslosigkeit des Studiums dazu geführt hat, daß man den Examenstermin mit ruhigem Gewissen ein Semester hinausschiebt und die Gelegenheit benutzt, durch Mitarbeit an der Arbeitslagerbewegung eine gesellschaftliche Aufgabe anzupacken und seine Erfahrung zu erweitern.

Gesichtspunkte für die Wahl des Lagerortes

Die Wahl des Standortes für die Lager ist nicht nur ein Problem der zweckmäßigsten oder billigsten Unterbringung und Verpflegung der Teilnehmer. Eine bestimmte Lageratmosphäre, die man nicht vorsätzlich schaffen kann, die aber für eine fruchtbare Arbeit eine wichtige Voraussetzung ist, kann sehr stark vom genius loci beeinflußt werden. Die landschaftliche Umgebung spielt bereits eine gewisse Rolle. Es ist leicht einzusehen, warum eine reizvolle und abwechslungsreiche Landschaft einer eintönigen vorzuziehen ist, besonders bei den längeren Veranstaltungen des freiwilligen Arbeitsdienstes, wo hinreichend Gelegenheit zu Wanderungen an Sonntagen und in der Freizeit besteht. Auf die unmittelbare Nähe einer Stadt kann gern verzichtet werden. Sie ist nicht immer von Vorteil, weil die Teilnehmer leicht zu Ueberschreitungen der Lagerordnung veranlaßt werden, während in abgelegener Landschaft und einfachen Lebensumständen das Aufeinanderangewiesensein die Lagerkameradschaft fördert. Wichtig ist ferner die Geformtheit des Hauses, in dem das Lager errichtet wird. Sehr viele der bisherigen Veranstaltungen haben in Volkshochschulheimen stattgefunden, in denen im allgemeinen die Haussitte auf Lebensformen aufgebaut ist, die aus dem gleichen Geiste geschaffen sind wie das Arbeitslager. In einem solchen Raum entwickelt sich das Zusammenleben mit großer Selbstverständlichkeit, und die kritischen ersten Tage werden leicht überwunden. Es kommt hinzu, daß in Heimen stets eine geschulte Belegschaft vorhanden ist, die der Lagerführung mit Erfahrungen auf volksbildnerischem Gebiet zur Seite stehen kann und vor allem in der Methode der geistigen Arbeit die Richtung anzugeben vermag. Das ist besonders bei ersten Lagerversuchen von Wichtigkeit, und es empfiehlt sich sehr für die Lagervorbereitungsgruppe, mit den volksbildnerischen Kräften ihrer Landschaft Fühlung aufzunehmen.

Volkshochschulheime als geeignete Orte

Für die Fortführung der Lager kann die feste Verknüpfung mit einem derart bekannten und ausgeprägten Haus und seiner Trägerschaft eine wertvolle Hilfe sein. Sind die Lager erst in einer Landschaft zu einer gewissen Selbstverständlichkeit für die junge Generation geworden, so wird sich von selbst der Ort ihrer Durchführung mit ihrer Idee verbinden; das Lager wird eine Heimat bekommen. Damit ist nicht etwa gesagt, daß Lager dann nur dort veranstaltet werden sollten. Herbstlager z. B. werden mit Rücksicht auf die Bauernbeteiligung meist nicht an einem festen Ort stattfinden können. Bei den Lagern des freiwilligen Arbeitsdienstes wird der Standort vom Arbeitsobjekt diktiert sein. Die großen Jugendherbergen, vorübergehend leerstehende Anstalten, Ferienheime, Staatsdomänen u. ä. in entsprechender Lage sind nach den bisherigen Erfahrungen gleichfalls geeignet, sofern sie die technischen Voraussetzungen für Verpflegung, Unterkunft für eine solche Anzahl von Teilnehmern erfüllen und entsprechende Versammlungsräume bereitstellen können. Im Gegenteil kann gerade bei einer solchen Gelegenheitsunterkunft die Aufgabe des Sicheinrichtens, des Wohnlichmachens, die Beseitigung technischer Widerstände für den kameradschaftlichen Zusammenschluß der Lagerbelegschaft förderlich sein. Es ist denkbar, daß bei einer starken Ausbreitung des Lagers besonders durch den freiwilligen Arbeitsdienst auch Notbehelfe, Baracken, Scheunen, Einzeleinquartierungen in den Dörfern u. ä. in Betracht gezogen werden. Solche Lösungen werden nur zu einem guten Ergebnis führen, wenn die Leitung dafür sorgt, daß trotzdem die notwendige Einheitlichkeit und Zucht des Zusammenlebens dabei gewahrt wird, weil gerade in der inneren Geschlossenheit des Tageslaufes eine der wichtigsten Voraussetzungen für die sinnvolle Durchführung des Lagers überhaupt besteht. Wenn es die Beschaffung geeigneter Werkarbeitsobjekte irgend zuläßt, sollten deshalb die zentralen Schulungslager für Unterführer und künftige Lagerleiter in den einzelnen Landschaften mit einer gewissen Tradition mit den festen Häusern der Volkshochschulen verbunden werden. Dabei können die Lager noch die wichtige Aufgabe erfüllen, durch die teilnehmenden Studenten eine engere Beziehung zwischen den Bildungsstätten für die werktätige Jugend und den Universitäten herzustellen, die im Hinblick auf Lehrgut und Lehrweise für beide fruchtbar werden kann.

Lagerdauer bestimmt durch Gesetzlichkeit des Lagerablaufs

Als zweckmäßigste Lagerdauer hat sich die Zeit von etwa drei Wochen für die Volkslager herausgestellt. In ihr kann sich die innere Spannung hinreichend entwickeln und fruchtbar erhalten werden. Eine unabdingbare Voraussetzung dafür ist allerdings, daß alle Teilnehmer vom ersten bis zum letzten Tage das Lager mitmachen.

Der Lagerablauf vollzieht sich mit einer gewissen Gesetzmäßigkeit. Die ersten Tage dienen der gegenseitigen Fühlungnahme, nach der ersten Woche gibt es meistens ein kritisches Stadium der Hochspannung zwischen den Gruppen. Nach seiner Ueberwindung verfestigt sich das Lager, arbeitet intensiver. Am Anfang der dritten Woche ist dann der eigentliche Höhepunkt der Zusammenarbeit und gegenseitigen Aufgeschlossenheit erreicht. Eine so gespannte Atmosphäre läßt sich nicht beliebig lange erhalten; die weitere Entwicklung muß notwendig zu einem Nachlassen der Spannung führen und ein unbefriedigendes Ende bringen. Wie man ein Fest dann beschließen soll, wenn es auf seinem Höhepunkt angelangt ist, so soll auch das Lager beendet sein, bevor Gewöhnung und Gleichgültigkeit sich breitmachen können, damit das Nachdenken über das Lager und die Bereitwilligkeit für das nächste unter der Belegschaft erhalten bleibt. Für das Gelingen eines Lagers ist die Beachtung dieses inneren Rhythmus durch die Lagerleitung eine wichtige Voraussetzung. Kein Lager wird vor dem Ende der zweiten Woche zu einer größeren gemeinsamen Leistung fähig sein, man wird sie also auch nicht früher fordern dürfen und dementsprechend eine zweckmäßige Verteilung der Gäste und Referenten, der Höhepunkte und der Ruhepausen im Lager vornehmen müssen.

Lager in anderen Formen, die in ihrer Zusammensetzung andere Spannungsverhältnisse erwarten lassen, haben auch ihre eigenen Regeln der zeitlichen Dauer. Ein reines Studentenlager wird spannungsärmer sein; es kann sich in 14 Tagen ausgelebt haben, es kann sich auch über viele Wochen erstrecken, wenn der pädagogische Zweck nicht in erster Linie das Lagerziel bildet, sondern z. B. in der Beendigung einer umfangreichen Werkaufgabe besteht und wenn der Tageslauf dementsprechend verändert ist. Ebenso lassen sich diese Erfahrungen über die Lagerdauer bei den Veranstaltungen des freiwilligen Arbeitsdienstes wegen der anderen Aufgabenstellung und Teilnehmerzusammensetzung nicht ohne weiteres verallgemeinern. Eine längere Dauer wird bei ihnen sogar zu begrüßen sein. Die jungen Erwerbslosen brauchen mehr Zeit, um aus der begreiflichen Verbitterung nach langer erzwungener Muße durch die heilenden Kräfte der Arbeit und der Kameradschaft zu neuer, auf umfassendere Aufgaben gerichteter Tatkraft angespornt zu werden. Die größere Inanspruchnahme durch die Werkarbeit läßt im Tageslauf weniger Zeit für die anderen Gebiete übrig, und deshalb dauert es länger, bis alle Teilnehmer in das Leben und die Spannung des Lagers einbezogen sind. Je größer ihre Zahl ist, desto länger kann daher das Lager dauern. Es wäre zu begrüßen, wenn bei der weiteren Durchführung des freiwilligen Arbeitsdienstes die bisherige Uebung der Volkslager in entsprechender Abwandlung berücksichtigt würde und die Erfordernisse der Werkarbeit nicht allein den Ausschlag gäben.

Führung und Selbstverwaltung im Lager

Wenn die Arbeitslager in ihrem Ablauf eine für die junge Generation vorbildliche und alle ihre Lebensäußerungen umfassende Gesellschaftsform erproben wollen, dann gehört auch eine bewußte Ordnung der politischen Seite, der Führung, der Verwaltung, der Willensbildung und Willensvertretung mit dazu. Die verschiedenen Möglichkeiten in der Zusammensetzung der Teilnehmer werden dabei jeweils andere Fragestellungen zur Folge haben. Auf den einheitlichen Lagern der Jugendbewegung und auf den Verbandslagern ist die Führung kein Problem; das selbstverständliche Gefüge von Autorität und Anerkennung, das den Aufbau der Bünde kennzeichnet, baut sich von selbst auch in die Lager hinein. Es bedarf deshalb keiner besonderen Organe, um die Lagermeinung zum Ausdruck zu bringen.

Selbstverwaltung entspricht dem Sinn der Arbeitslager

Erst die Volkslager bringen durch ihren Grundsatz, gegensätzliche Gruppen in tätiger Begegnung zusammenzufassen, den bewußt allgemein-, nicht parteipolitischen Charakter in die Lagerarbeit hinein. Es entspricht ihrer Absicht, wenn die daraus entstehenden Aufgaben unter Mitwirkung der ganzen Belegschaft angefaßt werden, wenn auch hier erprobt, geübt und die Verantwortung der Gesamtheit auferlegt wird. Das bedeutet, daß in der Lagerführung eine Art von Demokratie, von Selbstverwaltung zur Geltung kommen, daß die Teilnehmerschaft als Ganzes oder durch bestellte Organe an der Führung beteiligt werden muß. Für die Ausbildung eines positiven staatlichen Bewußtseins und des Gefühls gesellschaftlicher Verantwortung ist diese Seite des Lagerlebens eine gute Schule; die junge Generation hat so die Möglichkeit, das Funktionieren des politischen Lebens in der Erwachsenenwelt gleichsam am Experiment zu überprüfen, Ursachen eines Versagens am eigenen Leibe zu spüren und Formen und Voraussetzungen einer aufbauenden Zusammenarbeit zu erproben.

Möglichkeiten der Durchführung

Nach außenhin liegt die Verantwortung für eine ordnungsgemäße Durchführung eines Lagers bei der Vorbereitungsgruppe; es ist in der Ordnung, daß sie auch Gelegenheit hat, in der Lagerführung für diese Verantwortung voll einzustehen. Für die Beteiligung der Gesamtbelegschaft sind auf den bisherigen Volksgruppenlagern verschiedene Möglichkeiten ausgeprobt worden. Das erste Schlesische Lager wurde zunächst geleitet von den anwesenden Aelteren, durch deren Bemühung das Lager zustande gekommen war. Neben sie trat nach den ersten Tagen ein Beirat, der Vertreter umfaßte, die von den Gruppen der Arbeiter, der Bauern, der Studenten gesondert gewählt worden waren. In der letzten Woche ging auch die eigentliche Lagerleitung auf die junge Generation über, indem die Sprecher der einzelnen Gruppen die Verantwortung übernahmen. Sie leisteten auch im Auftrag des Lagers die Vorarbeiten für das nächste und bildeten seine Führung, ergänzt wiederum durch eine gewählte Lagervertretung. Die anwesenden Aelteren, der Leiter der geistigen Arbeit und der Leiter des Hauses, in dem das Lager stattfand, hatten dabei das Recht der Beratung. Diese Ordnung wiederholte sich auf dem dritten Lager. Auf den Norddeutschen Lagern bildete sich insofern ein anderer Brauch heraus, als die Vorbereitungsgruppe in der Führung stärker hervortrat und ihre Arbeit selbstverständlicher ausüben konnte. Die nach einigen Tagen erst gewählte Lagervertretung wirkte nur beratend an der Ausgestaltung mit, und mitunter wurden die das ganze Lager angehenden Fragen in der Lagerversammlung besprochen, die auch in Schlesien immer noch letzte Instanz gewesen war.

Beide Formen haben sich als zweckmäßig erwiesen. Gelegentlich ist auch eine Erweiterung des Führungskreises dadurch vorgenommen worden, daß die Leiter der einzelnen Sachgebiete — der Werkarbeit, des Sports, der musischen Uebungen — hinzutraten. Solche Varianten sind in beliebiger Zahl möglich; die Organisation wird immer dann gut sein, wenn sie locker genug ist, daß die im Lager vorhandenen politischen Talente zur Geltung kommen und die ihrer Begabung entsprechenden Funktionen ausüben können. Die Selbstkontrolle bei dem dichten Zusammenleben, die ein kameradschaftliches oder ein ungeselliges Verhalten schnell spürt und mit Anerkennung belohnt oder durch Kritik bloßstellt, ist im allgemeinen gut genug, als daß der Löwe der Geschäftsordnungsdebatten, der Dauerredner, der Demagoge politische Lorbeeren ernten könnten. Wenn es dabei gelegentlich eine kleine Revolution gibt, indem eine Lagervertretung oder einzelne Mitglieder gestürzt und durch andere ersetzt werden, so kann ein solcher Vorgang ein ebenso guter politischer Anschauungsunterricht und gleichzeitig ein Zeichen für die Lebendigkeit des Lagers sein, wie wenn eine geschickte Führung im Kampf mit der Opposition den Sieg davonträgt oder am besten sie freiwillig zur Verantwortung hinzuzieht und damit ihre Energie positiv für das Lager verwertet. Immerhin ist die Möglichkeit eines gelegentlichen Mißbrauchs des Selbstbestimmungsrechtes denkbar durch Menschen, die nicht einsehen können, daß Rechte und Pflichten zusammengehören wie Licht und Schatten. Die Leitung kann sich ihre Aufgabe in diesem Fall dadurch erleichtern, daß sie eine verbindliche Lagerordnung bei der Aufnahme der einzelnen oder beim Lagerbeginn unterschreiben läßt. Natürlich darf sie nicht zu eng gefaßt sein, sondern soll nur eine Sicherung gegen Mißbrauch bedeuten. Bei ernsten Pflichtverletzungen kann eine solche Verpflichtung dann als Rückhalt dienen, wenn die Entfernung eines Teilnehmers notwendig geworden sein sollte. Darüber hinausgehende disziplinarische Maßnahmen sind nicht erforderlich, auch nicht bei einer stärkeren Verbreitung der Lagerbewegung durch den freiwilligen Arbeitsdienst.

Sicherung der Selbstverwaltung gegen Mißbrauch

Die Leitung hat neben der Führung durch Lockerung aller Gestaltungskräfte aus dem Teilnehmerkreis und der ordentlichen Verwaltung ihre wichtigste Aufgabe in der Verteidigung der Offenheit der Lager nach außen und nach innen. In der Oeffentlichkeit wird immer wieder Mißtrauen in die politische Neutralität der Arbeit sich regen, und zwar nach den bisherigen Erfahrungen in allen politischen Lagern; ebenso kann eine Gefährdung eintreten, wenn bei Vorträgen routinierte Fachleute als Richtungsvertreter das Lager zu einer politischen Arena in ihrem Sinne machen wollen. In diesem Falle hat sich stets die gruppenmäßige Zusammensetzung der Leitung bewährt, weil dann jede Rich-

Erhaltung der Neutralität des Lagers als Führungsaufgabe

tung gezwungen ist, die Verantwortung für das Ganze vor einen Pyrrhussieg ihrer Interessen zu stellen. Nicht minder große Schwierigkeiten erwachsen aus der Anteilnahme „warmherziger Freunde der Jugend", die mit einem väterlichen Auf-die-Schulter-Klopfen dem Eigenwillen der jungen Generation nicht gerecht werden können. Ihnen gegenüber hat die Leitung immer wieder die betonte Vielseitigkeit des Lagers, die daraus erwachsende Spannung und ebenso die Möglichkeit ihrer fruchtbaren Auswirkung zu vertreten. Nach innen hat es sich bewährt, wenn zunächst allen mitgebrachten Gruppierungen gegenüber auflösend verfahren wird durch Mischung der Schlafraumbelegschaften, Verteilung auf die Arbeitsgruppen usw.; nicht damit irgend jemand in seiner Haltung unsicher gemacht wird, sondern damit eine möglichst große Berührungsfläche zwischen den Teilnehmern entsteht und jeder gezwungen wird, ohne die schützende Hülle seiner „Fraktion" selbständig seine Meinung zu vertreten. Wenn für die Lagerzeit neue Gruppen mit selbständigen Aufgaben und Leistungen sich bei der Werkarbeit, für die Ausgestaltung einzelner Tage, für die Vorbereitung des Schlußfestes usw. bilden, dann ist das ein Zeichen für ein gutes Funktionieren des Lagers und seiner Leitung.

Offenheit gegenüber Kritik

Dabei darf auf keinen Fall durch autokratische Führung dem Lager die Möglichkeit genommen werden, Kritik zu äußern. Das gilt, wie alles über Führung und Selbstverwaltung Ausgeführte, für die Volkslager und für die Veranstaltungen des freiwilligen Arbeitsdienstes in gleicher Weise. Jede Kritik läßt sich in positive Mitarbeit verwandeln, und keine Führung ist über Kritik erhaben. Wertvoll vor allem sind immer die Schlußbesprechungen gewesen, in denen das Lager Rechenschaft ablegte und Anregungen für das nächste Lager gab; der Schlußkritik ist nicht zuletzt die stetige Weiterentwicklung der Lagerform und ihre Anpassung an die wechselnden Verhältnisse zu danken.

Lagergesetz und Lagersitte

Aufgaben des Lagergesetzes

Das Arbeitslager als sinnvolle Lebensform der jungen Generation zwingt zur Ausbildung und Uebung geeigneter Formen des Miteinanderlebens. Sie finden ihren Ausdruck im Lagergesetz. Seine wichtigste Aufgabe ist die Ordnung und Durchführung des Tageslaufes; aber auch die weniger augenfälligen gesellschaftlichen Beziehungen, wie die Willensbildung und Willensvertretung aus dem Lager heraus, das für jede gemeinsame Handlung unerläßliche Zusammenspiel von Autorität und Anerkennung, die Bindung an gemeinsame Beschlüsse usw. sind wichtige Bestandteile der Lagerform. Von dem guten und reibungslosen Funktionieren dieser Dinge hängt für die Ergiebigkeit der Arbeit alles ab, weil hier an Selbstzucht und Uneigennützigkeit des Einzelnen und vor allem auch der Gruppen die höchsten Anforderungen gestellt werden müssen. Jede bewußte Störung, jeder Fraktionsegoismus, jeder undisziplinierte Widerspruch gegen die Lagerordnung löst innerlich die Vertrauensbasis auf.

Bestimmtheit und Allgemeingültigkeit

Das Lagergesetz muß, soweit es den äußeren Ablauf betrifft, in seinen Grundzügen vom ersten Lagertage an feststehen. In diesen Dingen gibt es erprobte Regeln von der Morgengymnastik angefangen über die beste Arbeitsdauer, die Mittagsruhe, die Gruppierung der Arbeitsgemeinschaften bis zum Abendlied[1]. Begründete Aenderungen können immer noch später durchgeführt werden; es ist in jedem Falle besser, daß der erste Plan der Möglichkeit einer Veränderung ausgesetzt wird, als daß die Lagerleitung aus Zaghaftigkeit die Belegschaft, die ja in der Regel auch nicht weiß, wie eigentlich ein Lager aussehen soll, in den ersten wichtigen Tagen in ein Chaos bei den äußeren Dingen stürzt. Ferner ist sehr zu beachten, daß ein Arbeitslager wie jede andere Gesellschaftsform auch nur dann bestehen kann, wenn es die Allgemeingültigkeit seiner Gesetze postuliert. Das Opfer der Einordnung in den gemeinsamen Willen muß zuerst von jedem Teilnehmer erwartet werden, wenn das Lager seine Hauptaufgabe, vorbildliche Lebensstätte der jungen Generation zu sein, wirklich erfüllen will; an diesem Punkte muß die Leitung auch einmal unnachgiebig sein können. Es wird niemand auf die Lager gezwungen, aber der Wille zur Einordnung ist auf der anderen Seite die notwendige Ergänzung dieser Freiwilligkeit. Nach den bisherigen Erfahrungen gibt es mindestens am Anfang auf jedem Lager bloße „Interessenten" oder Neugierige, die nicht ohne weiteres geneigt sind, aus ihrer Teilnahme die sehr ernsthafte Konsequenz der Verpflichtung dem Lagergesetz gegenüber zu ziehen. Ein Kompromiß ist in diesen Dingen nicht möglich; was im Namen des Lagers geschieht, muß alle angehen.

Lagersitte und Lagersprache sind nicht organisierbar

Steht so das Lagersetz meist von Anfang an fest, so ist die L a g e r s i t t e ein gutes Geschenk des Zusammenlebens selbst. Man kann wohl ein Geschenk herbeiwünschen, aber mann kann es nicht erzwingen. Ebenso können aus der guten Zusammensetzung der Teilnehmerschaft, der allseitigen Aufgeschlossenheit, der Lebendigkeit des Lagerablaufes auf dem einen Lager sich schöne und bedeutsame Sitten herausbilden, auf einem anderen kann diese naturhafte und gewachsene Selbstregulierung des Zusamenlebens völlig fehlen. Es verhält sich damit wie mit der Lagersprache. Der beste Gradmesser für die Lebendigkeit und innere Spannung ist die Ausbildung eines eigenen Jargons, der entweder bestimmte Ausdrücke im geheimen Einverständnis aller mit einem besonderen Sinne belegt oder für einzelne Vorgänge des Lagerlebens eine besondere Bezeichnung hat, sei es durch Wortspiele oder durch Prägung neuer Namen. Die treffendsten Beiträge dazu liefern in der Regel die Bauern, die von allen Teilnehmern die größte Gestaltungskraft in sprachlichen Dingen — und zwar unbewußt

[1] Siehe Anhang, Anlage 5

— hatten. Eine solche gemeinsame Sprache vor allem kennzeichnet die Lager als gesellschaftliche Wirklichkeit. Sie ist nicht immer „fein" im Sinne einer Familienzeitschrift. Aber sie duldet dafür unter keinen Umständen Weitschweifigkeit, Umständlichkeit oder gar Zweideudigkeiten. Sie ist „derb" in der Art, wie gesunde und unverbildete Jugend miteinander umgeht; aber sie ist sauber und oft kann gerade der Student von den werktätigen Kameraden dabei lernen und sein verbrauchtes Sprachgefühl reinigen. Ein wichtiges Hilfsmittel ist auch die Wandzeitung, sowohl für die sprachliche Gestaltung wie für die einheitliche Meinungsbildung und als Ventil für die in guten Lagern stets lebendige Kritik.

Selbstregulierung des Lagerlebens durch die Lagersitte

Mit der gemeinsamen Sprache wird sich auch die Lagersitte einstellen. Ohne sonderliche Verabredung wird es jedem Teilnehmer unzweifelhaft sein, daß „man" das zu tun hat, daß jenes unterlassen werden muß, weil es „sich nicht gehört". Die Gebiete, die durch die Sitte geordnet werden, sind sehr mannigfach. Es gehört hinein der Begegnungston zwischen den Gruppen, das Verhalten den Mädchen gegenüber ebenso wie bestimmte äußere Formen, das Lied vor der Mahlzeit, die Art des Weckens am Morgen u. ähnl., oder wie die Wertskala zwischen den Teilnehmern, die den einen als Schwätzer entlarvt, den andern wegen seiner Kameradschaftlichkeit hochschätzt, den dritten ohne Widerspruch als Sprecher anerkennt. Wie schnell die gemeinsame Sitte entsteht, hängt sehr vom Teilnehmerkreis selbst ab. Das kameradschaftliche „Du" in der Anrede z. B. bildet sich meist nach wenigen Tagen zwischen der ganzen Belegschaft von selbst heraus, am schnellsten zwischen den Arbeitern und Bauern unter sich, langsamer zwischen ihnen und den Studenten, zuletzt erst den Mädchen gegenüber.

Abstinenz?

Eine wichtige Frage ist auch das Verhältnis zu Alkohol- und Tabakgenuß auf dem Lager. Es ist leicht einzusehen, daß eine gute Disziplin in diesen Dingen das Lagerleben fördert. Viele der bisherigen Veranstaltungen waren schon durch den Charakter des Lagerortes in Volkshochschulen, Anstalten usw. veranlaßt, Rauchen und Alkoholgenuß im Rahmen des Lagers zu meiden. Es ist zu wünschen, daß besonders das letztere zur Regel wird. Enthaltsamkeit hat noch keiner Jugend geschadet und in der jetzigen Notzeit hat gerade sie die Pflicht, mit dem guten Beispiel einer straffen und sauberen Lebensführung voranzugehen. Diese Beschränkung auch außerhalb des Lagers und in den freien Stunden aufrecht zu erhalten, ist nicht geraten; Mäßigkeit und Askese sind verschiedene Dinge. Auch hierbei läßt sich wie im allgemeinen über das Verhältnis von Gesetz und Sitte sagen, daß es das beste Anzeichen guten Lagerlebens ist, wenn die Lagersitte als natürliche Reaktion der Teilnehmer das Lagergesetz bestätigt und stützt.

Art, Dauer und Durchführung der Werkarbeit

Sinn der Werkarbeit: bejahter Alltag

Die Werkarbeit ist im Arbeitslager ein selbstverständlicher Bestandteil des Tageslaufes. Sie wird nicht nur betrieben als körperliche Ertüchtigung oder als biologisch notwendiger Ausgleich gegen „geistige Arbeit". Sie stempelt auch nicht das Arbeitslager zu einer Veranstaltung mit dem alleinigen Ziel einer zweckhaften Arbeitsaufgabe. Das alles sind Teilwirkungen, die gewiß jeweils eine größere oder geringere Bedeutung haben können. Trotzdem ist ein Lager ohne Werkarbeit eben durchaus kein Arbeitslager, sie ist auch durch keine andere körperliche Tätigkeit zu ersetzen. Sie gehört zu ihm, weil es kein Kongreß, keine Tagung, kein Jugendtag, sondern ein Stück geformtes Zusammenleben, bejahter Alltag, sein will. Bei Beachtung dieses Grundsatzes ergeben sich eine Reihe von positiven Wirkungen ganz von selbst und ohne besondere Veranstaltung aus dem Bewußtsein einer sozial notwendigen Werkhilfe, aus der reinen Freude am Schaffen, aus den Wirkungen von Sonne, Regen und Wind, aus dem Miteinanderarbeiten der Teilnehmer, die doch in den einzelnen Gruppen und jeder für sich eine recht unterschiedliche Haltung zur körperlichen Arbeit einnehmen und dementsprechend auch sehr verschieden ihre Wirkung empfinden.

Charakter der Arbeitsaufgaben

Was für eine Arbeit kommt für diesen Zweck infrage? Eine bloße Beschäftigung vermag noch keine zureichende Befriedigung zu gewähren, als notwendige Voraussetzung der Arbeitslust. Es muß eine übersehbare Aufgabe vorliegen, die eine deutliche Nutzwirkung hat, deren Fortschritt man beobachten kann, und für die man zum Ausgleich für die Kosten des Lebensunterhaltes seinen Lohn erhält. Ferner ist es wichtig, daß sie dem Willen der Jugend zu selbstlosem und freudigem Einsatz an allen Stellen, wo Not herrscht, Raum geben kann. Dieser ideelle Gedanke liegt auch z. B. den Arbeitskolonien der Schweizerischen Studentenschaft zugrunde, und er vor allem kann den Lagern den schwungvollen Charakter der Pionierarbeit geben[1]). Die Arbeit muß so einfach sein, daß sie möglichst von Allen getan werden kann, wenig Fachkräfte und wenig Arbeitsgerät und Material erfordert. Für den pädagogischen Nebenzweck ist es gut, wenn jeweils eine größere Arbeitskolonne gleichzeitig beschäftigt und die Leistung jeder einzelnen Gruppe vergleichbar gemessen werden kann.

Wegen der Sicherung der Lager gegen politische Einsprüche muß die Arbeit besonders in Zeiten hoher Erwerbslosigkeit noch einige Bedingungen erfüllen. Ein Widerstand der gewerkschaftlich organisierten Teilnehmer muß immer dann erwartet werden, wenn der Einsatz des Arbeitslagers zu einer Verdrängung beschäftigter Arbeitskräfte führt, wenn der Arbeitserfolg privaten Wirtschaftssubjekten zugute

[1]) Das Lager der Leipziger Studentenschaft im Herbst 1931 ist dafür besonders bezeichnend, das für arme Bauerngemeinden im bedrängten Grenzland Oberschlesien einen Flußlauf zum Hochwasserschutz regulierte unter finanziellen Opfern für den größten Teil der rein studentischen Belegschaft.

kommt und nicht in einer deutlichen Weise sich als gemeinnützig ausweisen läßt, schließlich, wenn durch öftere Veranstaltungen in derselben Gegend ein spürbarer Lohndruck auf die entsprechenden Arbeiterkategorien ausgeübt werden sollte. Eine solche Sicherung der Lagerabsicht liegt aber durchaus im Interesse der Lagerbewegung selbst; denn ihrem Ziel nach sind die Lager eine Veranstaltung der gesamten jungen Generation, sie müssen also im einzelnen so ausgestaltet werden, daß keine Gruppe aus inneren Gründen an der Teilnahme gehindert wird. Die Solidarität der Werktätigen ist aber eine solche zu beachtende Tatsache. Sie darf deshalb nicht verletzt werden.

Regelung im freiwilligen Arbeitsdienst

Bei der Einrichtung des freiwilligen Arbeitsdienstes sind diese Voraussetzungen in die gesetzliche Regelung mit einbezogen worden. Nach dem durch die Notverordnung des Herrn Reichspräsidenten vom 5. Juni 1931 in das Gesetz über Arbeitsvermittlung und Arbeitslosenversicherung eingefügten § 139a dürfen nur solche Veranstaltungen mit den Mitteln des freiwilligen Arbeitsdienstes gefördert werden, die sich eine folgenden Gesichtspunkten genügende Arbeitsaufgabe gestellt haben: Die Arbeit muß gemeinnützlich und zusätzlich sein, d. h. sie muß der Allgemeinheit zugute kommen und unter normalen Arbeitsbedingungen sonst nicht zu leisten sein. Sie darf keine Objekte umfassen, die auch im Wege der Notstandsarbeit noch durchgeführt werden könnten; es dürfen also nicht die bereits bestehenden zusätzlichen Arbeitsgelegenheiten für ältere Wohlfahrtserwerbslose durch den freiwilligen Arbeitsdienst weggenommen werden. Die Ausführungsbestimmungen zu diesem § 139a in der Verordnung über die Förderung des freiwilligen Arbeitsdienstes vom 13. Juli 1931 enthalten noch einen besonderen Anreiz, Arbeitsaufgaben zu wählen, die darüberhinaus als volkswirtschaftlich wertvoll vom Vorsitzenden eines Landesarbeitsamtes gekennzeichnet werden können; denn in diesen Fällen kann pro Arbeitstag eine Gutschrift von 1,50 Reichsmark zugunsten des Arbeitsdienstwilligen erfolgen, deren Summe in das Reichsschuldbuch eingetragen wird und als Grundkapital bei der Erwerbung einer Siedlung oder eines Eigenheimes innerhalb zehn Jahren für den Arbeitsdienstwilligen an die betreffenden gemeinnützigen Gesellschaften abgetreten werden kann. Schließlich bestimmen die Erläuterungen des Präsidenten der Reichsanstalt für Arbeitsvermittlung und Arbeitslosenversicherung vom 29. Juni 1931 die Durchführung des freiwilligen Arbeitsdienstes betreffend (Abschnitt C IV), daß reine Beschäftigungsarbeiten nicht in Frage kommen können, sondern daß die Ernsthaftigkeit der Arbeitsleistung verbürgt sein muß und ein bestimmter wirtschaftlicher und arbeitspädagogischer Zweck verfolgt werden soll. Dieser wichtige Abschnitt enthält ferner einen absichtlichen Verzicht auf Festsetzung einer Mindeststundenzahl, „damit je nach Art der Arbeit Zeit auch für Schulungsmaßnahmen und Ausübungen von Sport frei bleibt"[1].

[1]) Ueber das Verfahren im einzelnen vergleiche die im Anhang abgedruckten gesetzlichen Bestimmungen (Anlage 11).

Welche Arbeiten kommen in Frage?

Die Arbeitsobjekte werden durch diese Voraussetzungen begrenzt. Die Grundlage werden immer einfache Erdarbeiten, Schachtarbeit, Bodenbewegungen, Wegebau u. ähnl. bilden; sie erfordern die geringsten Investitionen an Arbeitsgerät und gestatten zugleich den Einsatz ungelernter Arbeitskräfte. In der landwirtschaftlichen Arbeit, der Gartenarbeit, der Forstarbeit liegen weitere Möglichkeiten. Die auf den bisherigen Lagern verrichteten Arbeiten sind ganz überwiegend von dieser Art gewesen. Das Problem eines „neutralen" Arbeitgebers und der damit zusammenhängenden Gemeinnützigkeit der Arbeit ist dann am besten zu lösen, wenn der Arbeitgeber bezw. der Träger der Arbeit im Sinne des § 139 a AVAVG eine Anstalt mit caritativen oder pädagogischen Zielen ist, die auf eigenem Grundstück Gartenarbeit, Bauarbeiten, Wegebau, Erhaltungsarbeiten durchführen läßt, oder eine Gemeinde, eine Genossenschaft oder sonstige Körperschaft öffentlichen Rechts, die als Arbeitsobjekte Meliorationen, Flußregulierungen, Sportplatzbauten und ähnliches vergeben und hinreichend Mittel für Arbeitsgeräte und Arbeitsmaterial bereitstellen kann. Auf diese Weise haben die meisten bisherigen Lager ihre Arbeit gefunden. Schwierigkeiten können mitunter daraus entstehen, daß oft die Aufgaben sehr umfangreich sind, daß also die Lagermannschaft nur einen Teil der insgesamt beschäftigten Arbeiter ausmacht, was infolge der kürzeren Arbeitszeit und der meist geringeren Entlohnung zu Reibungen führen kann. Außerdem wird in solchen Fällen der Nachweis schwer zu führen sein, daß es sich dabei um zusätzliche Arbeit handelt. Dieselbe Schwierigkeit entsteht erst recht, wenn ein Privatmann als Arbeitgeber gewonnen wird, der die Arbeiten in seinem Betrieb ausführen läßt. In den bisherigen Lagern ist dieser Fall selten vorgekommen, und meistens handelte es sich dabei um einzelne Bauern, die Meliorationen auf ihren Grundstücken durchführen ließen oder Erntehilfe in Anspruch nahmen. Allgemeingültige Grundsätze lassen sich nur etwa in diesem Rahmen aufstellen; die Notwendigkeit des neutralen Arbeitgebers, der Gemeinnützigkeit und Zusätzlichkeit der Arbeit wird in allen Landschaften die Voraussetzung der Arbeitsbeschaffung bilden müssen. Darüber hinaus können landschaftliche Verschiedenheiten, besondere politische Konstellationen, Einstellung der Behörden viele Variationsmöglichkeiten bringen. Festgehalten werden muß aber, daß keine andere Form körperlicher Beschäftigung, also nicht Spiel, Wehrsport, Wanderungen usw. die Werkarbeit ersetzen kann. Solche Veranstaltungen haben einen grundsätzlich anderen Charakter als die Arbeitslager, für die diese Veröffentlichung eintritt.

Arbeitsdauer durch Gesamtaufgabe der Lager bestimmt

Die Dauer der Arbeit ist am besten auf 4 bis 6 Stunden festzusetzen. Das Gleichgewicht des Tageslaufes kann gestört werden, wenn länger gearbeitet wird; nicht nur bleibt dann zu wenig Zeit übrig für die anderen Aufgaben, auch die Bereitschaft der Teilnehmer zu der Arbeit des Nachmittags, ihre Frische und Tatenlust wird dadurch geschwächt. Weniger als 4 Stunden andererseits nehmen der Werkarbeit leicht ihre Ernsthaftigkeit, degradieren sie zum Spiel, zur bloßen Beschäftigung. Dadurch würde sie um ihre beste Wirkung kommen, die notwendig an das Bewußtsein einer wacker getanen Leistung geknüpft ist. Diese Begrenzung der Arbeitszeit wird auch durch die Bestimmungen über den freiwilligen Arbeitsdienst nicht berührt. Es ist bereits erwähnt worden, daß eine Mindeststundenzahl nicht festgesetzt ist. Wo einzelne Arbeitsämter eine längere Arbeitszeit verlangen, muß allerdings gefordert werden, daß dem freiwilligen Arbeitsdienst als pädagogische Aufgabe Rechnung getragen wird.

Bei der Durchführung der Arbeit ist zu beachten, daß sich etwa eintretende Schwierigkeiten von vornherein dadurch vermeiden lassen, daß vor Beginn der Arbeit von der Vorbereitungsgruppe, der am besten auch ein technischer geschulter Fachmann angehören sollte, ein fester Arbeitsvertrag mit dem Arbeitgeber abgeschlossen wird. Um spätere Beanstandungen zu verhindern, muß vorher genau festgestellt werden, welche Arbeitsleistung abgemacht ist, wer die Arbeitskleidung bereitstellt, wer die Reparaturkosten der Arbeitsgeräte trägt; erfahrungsgemäß zerbrechen nämlich dem Nichtfacharbeiter die Schaufelstiele immer schneller unter den Fingern. Es muß ferner eine Wetterklausel für Außenarbeiten vorgesehen sein, das Verhalten bei verschuldeter und unverschuldeter Minderleistung auf beiden Seiten geregelt werden, ebenso Bereitstellung und Bezahlung der etwa notwendigen Vorarbeiter geklärt sein und die Höhe und die Berechnungsart der Entlohnung genau festgestellt werden.

Für die innere Verfestigung der Teilnehmerschaft ist es immer vorteilhaft gewesen, wenn der Einsatz ganzer Arbeitskolonnen unter Leitung eines Vorarbeiters aus dem Lager möglich war. Bietet sich Gelegenheit, etwa beim Wegebau oder beim Ausheben eines Grabens mehrere Kolonnen nebeneinander anzusetzen und einen fröhlichen Wettbewerb zu organisieren, so vollzieht sich der Zusammenschluß der Werkkolonnen sehr schnell, und damit tritt ein sehr handgreiflicher, unvorbelasteter Gliederungsgesichtspunkt auflockernd in das mitgebrachte Gruppengefüge des Lagers. Solche während der Zeit neu entstehenden Gruppen — Zimmerbelegschaften, Tischfamilien, Arbeitsgemeinschaften gehören gleichfalls dazu — bilden eine wichtige Hilfe für die Führung bei der Erfassung der Lagermannschaft. Daß im übrigen die Werkarbeit eine Verpflichtung für alle darstellt, daß z. B. eine Lagerführung schnell ausgespielt haben wird, die sich nicht auch die Finger schmutzig machen will und etwa „inspizierend" im Straßenanzug an der Arbeitsstelle erscheint, daß diese Arbeit immer wieder den Ort der Erneuerung echter Kameradschaftlichkeit bedeutet, und daß ihre geordnete Durchführung deshalb immer sehr ernst genommen werden muß, gehört zu den Voraussetzungen der Lagergestaltung überhaupt.

Werkarbeit soll alle Teilnehmer verpflichten

Inhalt und Methode der Vorträge und Rundgespräche auf den Arbeitslagern sind von der Zusammensetzung der Teilnehmer und von dem sich daraus ergebenden Typ des Lagers abhängig. Der Ausdruck „geistige Arbeit" ist für diesen Teil des Lagerlebens etwas zu gewichtig, weil er eine intensive Bemühung der Einzelnen einschließt, während vielmehr ein selbstverständliches Bewußtwerden der vorhandenen Spannung, ein wechselseitiger Austausch zwischen den Teilnehmern oder eine einfache wissensmäßige Schulung gemeint ist.

Schulungsaufgaben auf Verbandslagern

Einheitliche Verbandslager aller Art bekommen ihre geistige Spannung selten aus dem Teilnehmerkreise. Die Arbeit wird deshalb in der Regel gerichtet sein auf praktische Fragen, bei den Studentenlagern etwa auf Fragen des Studiums und der Berufsaussichten; oder sie wird eine allgemeine Schulung zum Ziel haben, indem etwa den Teilnehmern von ihren Bünden oder Verbänden aus ihre Aufgaben und ihre Stellung im Volksleben klar gemacht wird, oder indem durch erfahrene und sachverständige Männer wichtige politische Gegenwartsfragen ihrem Verständnis näher gebracht werden und das Interesse absichtlich in bestimmte Richtungen gelenkt wird. Besonders in den Lagern der bündischen Jugend spielte die politische Information eine wichtige Rolle; es ist im ersten Abschnitt erwähnt worden, daß die Lager aus der politischen Schulungsarbeit heraus mit entstanden sind. In dieser Gruppe finden sich deshalb bisher folgende Themenstellungen: Aussichten eines persönlichen Einsatzes im akademischen Beruf, studentische Selbstverwaltung, Universität und Volkshochschule in Ostdeutschland, Student und Volk, Notwendigkeit und Möglichkeiten eines Einsatzes im deutschen Osten, der nordgermanische Lebensraum, außenpolitische Schulung der jungen Generation[1]).

Aufgaben der Volkslager durch die Gruppenbegegnung bestimmt

Unter wesentlich anderen Voraussetzungen steht die geistige Arbeit in den Volks-Lagern, auf denen eine Begegnung von werktätiger Jugend untereinander und mit Studenten stattfindet. Auf ihnen wird das Thema so formuliert werden müssen, daß die gegebene innere Spannung aus der Zusammensetzung der Belegschaft zur Geltung kommen kann. Denn jede gesellschaftliche Betrachtung vollzieht sich auf einem solchen Lager in einer für die pädagogische Wirkung einzigartigen Wirklichkeitsnähe, weil das Lager selbst nach seinen Voraussetzungen und seiner Lebensweise ein echter gesellschaftlicher Vorgang ist. Die werktätige Jugend bringt Voraussetzungen in die Lagergestaltung ein, die in den Studentenlagern notwendig fehlen müssen und auf Verbandslagern erst in zweiter Linie zur Geltung kommen, die Einheit von Klasse oder Stand und die Erfahrung aus dem Arbeitsleben. Studenten bleiben auch auf Arbeitslagern Studenten; Werkarbeit und musische Gestaltung können nicht verhindern, daß

[1]) Diese Beispiele stammen aus den Bundesarbeitslagern der „Deutschen Freischar".

ihre Arbeit an gesellschaftlichen Fragestellungen letzten Endes doch akademisch bleibt, etwa Vorgestelltes behandelt, für das oft der Widerhall in der eigenen Erlebniswelt fehlt. In die Volkslager bringen die werktätigen Teilnehmer die Beziehungen zur Arbeitswelt hinein und die geistige Arbeit kann deshalb durch Unmittelbarkeit und Lebensnähe eindringlicher sein, sie wird allerdings auf der anderen Seite nicht den Charakter systematischer Schulung und den Erfolg einer unmittelbaren praktischen Auswirkung haben, wie er bei einzelnen Studentenlagern festzustellen war[1]).

Grundlagen für die Themenstellung

Wenn auch auf den Volkslagern der Inhalt der Arbeit durch die gesellschaftliche Spannung des Teilnehmerkreises bestimmt sein wird, so muß doch das Thema von der Vorbereitungsgruppe sorgfältig ausgewählt werden. Denn die Werbung der Teilnehmer erfolgt ja mit seiner Hilfe, und wenn die persönlichen Beziehungen nicht sehr weitreichend sind, ist es oft das einzige Mittel, um innere Anteilnahme für die Lager zu erwecken.

Die Grundlagen werden naturgemäß immer die Fragen der gesellschaftlichen Gestaltung, der sozialen Spannung, der Stellung der jungen Generation zu den Vorgängen der Zeit bilden. In diesem Rahmen fördert eine sinnvolle Begrenzung die Gründlichkeit der Arbeit, vorausgesetzt, daß die Leitung die pädagogischen Fähigkeiten besitzt, die Linie des Themas durchzuhalten. Diese Aufgabe ist durchaus nicht einfach, weil man auf der einen Seite erst einen Teil der werktätigen Teilnehmer zum Sprechen bringen muß, auf der anderen Seite Mühe hat, die Aussprachen durch die Kurzschlüsse politisch radikalisierter Jugendlicher und die Mißverständnisse aus unverstandener Zeitungshalbbildung, aber auch durch die intellektuelle Arroganz mancher Akademiker sachlich durchzusteuern. Das Sprechen nach einer gemeinsamen Gedankenmitte hin erfordert in einem uneinheitlich zusammengesetzten Kreise hohe geistige Disziplin und die Anleitung dazu ist eine schwierige sozialpädagogische Aufgabe. Ferner muß das Thema gegenwartsnahe sein, es müssen politische Vorgänge in ihm ihren Niederschlag finden, die jeden Einzelnen möglichst aus seiner Lebenslage heraus angehen. Da die Volksgruppenlager in der Regel landschaftlich gebunden sind — eine Bindung, die für die Wirkung der Lagerarbeit über die ganze junge Generation hin eine wichtige Voraussetzung ist — wird eine aus den Problemen der jeweiligen Landschaft heraus entwickelte Aufgabenstellung oft am besten das unmittelbare Interesse der Teilnehmer finden.

Die bisherigen Volkslager zeigen in ihrer Themenstellung diese verschiedenen Möglichkeiten. Das erste schlesische Lager, das seinen

[1]) Die Einigung in der bündischen Jugend ist durch die Arbeitslager wesentlich gefördert worden; auf dem Lager in Hermannsburg 1927 wurde eine Studienreise nach England vorbereitet und im Herbst durchgeführt, ebenso in Frankfurt 1930 eine Studienreise ins Baltikum.

Anstoß von den Notständen im Waldenburger Bezirk herbekam, behandelte die Frage der Lebensformen in der Industriegesellschaft, das zweite mit besonderer Berücksichtigung der Lage in den Ostgrenzkreisen die Entvölkerung Schlesiens durch die Abwanderung vom Lande, das dritte abseits der landschaftlichen Fragenstellung die Gefährdung der jungen Generation durch die Auflösung der Berufe. Das erste norddeutsche Arbeitslager hatte zum Thema das Verhältnis von Mensch und Arbeit in der heutigen Zeit, die beiden folgenden, gleichzeitig stattfindenden behandelten die wechselseitigen Beziehungen von Stadt und Land, das vierte „Der Einzelne und die Gemeinschaft".

Diese Arbeitsaufgaben zeigen alle eine innere Verwandtschaft; sie versuchen, die Lebenskreise der Teilnehmer zu berühren und von verschiedenen Ansatzpunkten aus — die sinnvoller Weise durch die Zusammensetzung der Gruppen im Lager bestimmt werden — einen wichtigen Ausschnitt abzugrenzen. Nur diesen Sinn kann die Themenstellung überhaupt haben; das Thema ist ein Bachbett, in das die Lagerleitung die überströmende geistige Spannung zu lenken bemüht ist, damit sie fruchtbar werden kann und nicht ins Uferlose verflacht oder Zerstörungen anrichtet. Das Wertvollste des Lagers entsteht immer in der Mitte, im Ablauf, ist Lebensvorgang; es kann nie durch ein Thema herbeigeführt werden, aber der geistige Prozeß kann durch die Art der Aufgabenstellung gefördert oder aufgehalten werden. Deshalb ist hier von der Leitung dasselbe gesellschaftliche Situationsgefühl zu erwarten, wie bei dem Verhältnis von Lagergesetz und Lagersitte; zeigt die schließliche Zusammensetzung des Lagers und die Gruppierung der Interessen einen Widerspruch zu der beabsichtigten Arbeitsaufgabe, so ist eine Aenderung immer besser als die Gefahr geistiger Unfruchtbarkeit durch dogmatische oder schulmeisterliche Starrheit.

Geistige Arbeit im freiwilligen Arbeitsdienst als politische Grundschule zu fordern

Der freiwillige Arbeitsdienst stellt auch diesem Teil der Lagergestaltung neue Aufgaben. Bei einer sinnvollen Durchführung darf er keineswegs fehlen oder auch nur leicht genommen werden. Das geistige Leben wird indessen weniger dicht sein als auf den Volkslagern, weil die Auswahl der Teilnehmer weniger im Vordergrund stehen darf und weil die zur Verfügung stehende Zeit im Tageslauf kürzer, andererseits die Lagerdauer im ganzen länger ist. Der mehr autoritative Charakter der Führung wird auf diesem Gebiet als vorsätzliche Pädagogik sich geltend machen, die bewußte Schulung der Teilnehmer kann und soll einen breiteren Raum einnehmen. Ihr Inhalt ist mit dem Sinn der Lager gegeben, die bei richtiger Durchführung die politische Grundschule für die Jungmannschaft des Volkes werden können; die Erläuterung der Grundtatsachen des Staatsaufbaues, des Volkslebens, der Wirtschaftsordnung, die Klarstellung der Aufgaben des Einzelnen gegenüber der Gesamtheit, die Vergegenwärtigung der gesellschaftlichen und wirtschaftlichen Lage der Gegenwart in ihren Voraussetzungen und Zusammenhängen sind ihre notwendigen Aufgaben.

Dabei muß mit einfachen Dingen angefangen werden; hier liegt in noch stärkerem Maße als bei den Volkslagern eine Einsatzstelle für die Erfahrungen der Erwachsenenbildung. Vielleicht wird man am Anfang eine gewisse Wiederholung der Elementarfächer der Volksschule vornehmen müssen. Der nächste Schritt wäre etwa ein Versuch zu einer vielseitigen Erfassung der Heimatlandschaft, in der das Lager arbeitet, um aus der Anschauung heraus die Grundbegriffe zu klären für eine auf die Erfassung größerer Zusammenhänge abgestimmte Weiterarbeit. Die Leitung muß aber dabei Obacht geben, daß nicht etwa durch die Teilnahme von Studenten diese Arbeit zu schnell vorwärts getrieben wird und über die Köpfe der jüngeren Teilnehmer hinweggeht. Auf den Volkslagern geben die gewecktesten Sprecher der Gruppen den Ton an; die Lager des freiwilligen Arbeitsdienstes sollen auch den weniger vorgebildeten Teilnehmer voll erfassen.

Die Methoden: Rundgespräch, Vortrag, Vorlesung

Die *Form der geistigen Arbeit* wird bestimmt durch das Ziel der Lager. Nicht allein Belehrung, Wissensvermittlung, sondern Uebung, Selbstarbeit, Selbstverantwortung auch für den geistigen Ablauf sollen im Vordergrund stehen. Deshalb wird grundsätzlich die demokratische Form des *Rundgesprächs* den Vorzug verdienen vor dem autoritativen *Vortrag*. Das darf nicht so verstanden werden, daß Vorträge überhaupt ausgeschaltet werden sollten; zur Kontrolle des geistigen Niveaus, zur Versachlichung der Arbeit durch die Einführung leidenschaftsloser, objektivierter Gesichtspunkte, auch zur absichtlichen autoritativen Anrede gegenüber Nachgiebigkeit und Kleinmut sind sie unentbehrlich. In dieser Absicht müssen sie taktvoll in die Arbeit eingefügt werden, das Bewußtsein darf nicht verloren gehen, daß sie nur im Dienste der geistigen Uebung stehen, daß sie nicht selbst ihren Inhalt ausmachen. Zwei Arten sind möglich, einmal die durchlaufende Vortragsreihe, die Vorlesung, die auf den schlesischen Volksgruppenlagern angewandt wurde, ferner der Einzelvortrag, den der Fachmann zur Bereicherung des Tatsachenwissens, der politische Funktionär zur Verdeutlichung der Gruppenmeinungen, die geprägte Persönlichkeit aus dem tätigen Berufsleben zur Repräsentation bestimmter Geisteshaltungen und Lebenskreise dem Lager darbietet. Die letzte Form findet sich auf allen bisherigen Lagern, die erste, die den Zusammenhang mit den Methoden der Hochschule stark betont, ist nur anwendbar, wenn eine geeignete Persönlichkeit während der ganzen Lagerzeit anwesend sein kann. Sie wird aber mit Vorsicht gebraucht werden müssen. Besteht eine sachliche Schulungsabsicht, etwa auf längeren Lagern des freiwilligen Arbeitsdienstes, so wird ihre gelegentliche Anwendung unbedenklich sein. Bei Volkslagern dagegen kann die ständige geistige Ueberlagerung durch eine vielleicht noch dazu sehr suggestive Persönlichkeit dazu führen, daß mancher Teilnehmer sich nicht mit seiner Ansicht hervorwagt und daß daher das geistige Leben des Lagers nicht rein zur Geltung kommen kann.

Bei den Vorträgen muß beachtet werden, daß ein vorgelesenes Manuskript schlecht in den Rahmen der Arbeit paßt, besonders, wenn der Vortragende nur auf Stunden anwesend ist und dadurch nicht die Möglichkeit hat, sich innerlich auf die Atmosphäre des Lagers einzustellen. Sowohl die sachliche wie persönliche Wirkung der Referenten und auch die innere Fühlungnahme mit den Teilnehmern wird gefördert, wenn dem Vortrag ein gewisser Aufenthalt im Lager vorangegangen ist. Einen vollen Arbeitstag in allen seinen Einzelheiten mindestens sollte jeder, der von außen hereinkommt, durchlebt haben, ehe er das Lager anspricht. Dann wird auch die zweite Aufgabe sich erfüllen lassen, die der Vortragende einfach durch die Tatsache seiner Anwesenheit hat, nämlich in seiner Person seinen Stand, seine Altersschicht darzustellen und den Teilnehmern, die nicht nur den Vortrag hören, sondern auch den Menschen dahinter spüren wollen, über seine Aufgabe, sein Berufsschicksal, seine gesellschaftliche Stellung Rede und Antwort zu stehen. Die Lagerleitung wird dabei darauf achten müssen, daß die Wirkungsmöglichkeiten der Referate nicht dadurch herabgemindert werden, daß zuviele Vortragende im Lager wie in einem Taubenschlag aus- und eingehen; Maßhalten und sorgfältige Auswahl sind Voraussetzungen für einen guten Erfolg.

Art und Sprache der Vorträge

Die lockernde und verwandelnde Kraft des Lagers pflegt sich in der Regel auch den Besuchern mitzuteilen; oft konnte man beobachten, daß gerade Fachleute und Wissenschaftler eine ursprüngliche Sprache fanden, die ihnen in ihrer Alltagsarbeit fremd geworden war. Diese Wirkung ist ein Geschenk des Lagers an seine Gäste. In einzelnen Fällen verdichtete sie sich dahin, daß anstelle des Einzelvortrags das Zwiegespräch zwischen den Gästen vor dem Forum der Teilnehmerschaft trat. Weil in dieser Form der geistige Prozeß deutlicher wird als in dem abgeschlossenen, fertigen Referat, ist das Zwiegespräch der ganzen Absicht des Lagers nahe verwandt. Natürlich muß dafür gesorgt sein, daß dabei keine Unterhaltung unter Fachleuten herauskommt, sondern eine klare und allgemeinverständliche Sprache ist wie bei den Vorträgen die erste Voraussetzung seiner Wirkung. Auf einigen der bisherigen Studentenlager ist von Gästen absichtlich die Vorlesung gewählt worden, wenn es auf die Vermittlung einer sorgfältig modellierten Sprachleistung ankam. Diese anspruchsvollste Form des Vortrags scheint für Volkslager weniger geeignet zu sein.

Arbeitsgemeinschaft als Grundform der Arbeit

Die unerläßliche Grundlage der gesamten Arbeit aber ist nicht das gemeinsame Hören, sondern das Miteinandersprechen des ganzen Lagers. Dabei verdient die kleine und intensiv arbeitende Diskussionsgruppe, die Arbeitsgemeinschaft, den Vorzug gegenüber dem großen Kreis der Teilnehmer. Es gibt verschiedene Möglichkeiten, die Gesamtheit in solche Gruppen aufzuteilen. Man kann Einzelfragen aus dem Lagerthema ausgliedern, man kann aber auch dasselbe Thema in allen Arbeitsgemeinschaften behandeln lassen; man kann den Teilnehmern freistellen, zu welcher Arbeitsgemeinschaft sie gehen wollen, man kann sie auch nach dem Anteilsverhältnis der Gruppen, nach Zimmerbelegschaften und anderen Gliederungsgesichtspunkten gleichmäßig verteilen. In allen Fällen wird eine gelegentliche Neugruppierung vorteilhaft sein, schon damit im Verlaufe des Lagers zum Durchbruch kommende Führungstalente Gelegenheit zur Uebung und Bewährung erhalten können. Die organisatorische Seite der geistigen Arbeit sollte von der Leitung in Zusammenarbeit mit der Vertretung der Lagermannschaft gelöst werden.

Erfahrungsgut der Teilnehmer als Grundlage

Der Inhalt dieser Gruppenarbeit sollte in der ersten Lagerwoche darin bestehen, das mannigfache Erfahrungsgut der Teilnehmer, das eine ganz wesentliche Grundlage der gesamten Arbeit ist, deutlich werden zu lassen und systematisch zu ordnen. Die beste Methode dafür ist die eingehende Schilderung der Lebensläufe der Teilnehmer, ihrer Lebenskreise, ihrer Familie, ihrer Arbeitswelt. Dadurch wird erreicht, daß sich schnell eine Vertrauensbasis zwischen den Teilnehmern bildet. Das Gesamtbild der bunten und mannigfachen Schicksale ergibt ferner eine anschauliche Grundlage für die weitere Behandlung des Lagerthemas. Dabei muß ein Austausch zwischen den einzelnen Arbeitsgemeinschaften durch gegenseitige Besuche oder durch Berichte in der Lagerversammlung erfolgen und die gemeinsamen Gesichtspunkte durch die Vorträge und Gesamtdiskussionen immer wieder gleichgerichtet werden. Die Lagerleitung muß darauf achten, daß die Gruppenarbeit nicht etwa zu einer Gefährdung der Einheitlichkeit des Ganzen führt. Entsprechend dem Uebungscharakter der geistigen Arbeit kann ein deutlicher und wirkungsvoller Abschluß kaum erwartet werden. In dem ersten schlesischen Lager ist der Versuch gemacht worden, eine unmittelbare politische Wirkungsmöglichkeit dadurch zu erreichen, daß eine Reihe von Forderungen, die in erster Linie die Lebensform der Industriejugend würdiger gestalten sollten und die unter Zustimmung des ganzen Lagers, auch der Bauern und Studenten, aufgestellt worden waren, vor einem großen Forum von Behördenvertretern und Männern der Wissenschaft und des Wirtschaftslebens durch Sprecher des Lagers vertreten wurden. In der Wirkung blieb dieser Vorgang eine eindrucksvolle Geste; er wurde nicht wiederholt. Immerhin liegen in dieser Richtung noch Möglichkeiten, die wieder aufgenommen werden könnten, wenn die Arbeitslagerbewegung breitere Kreise erfaßt hat und die Solidarität der jungen Generation, die auf allen bisherigen Lagern überzeugend zur Geltung kam, ihren gesellschaftlichen Ausdruck sucht.

Verteilung der Arbeit auf den Tageslauf

Die zeitliche Einordnung der geistigen Arbeit in den Tageslauf ist auf den einzelnen Lagern in verschiedener Weise versucht worden. Der Vormittag blieb in aller Regel der Werkarbeit vorbehalten, nur auf den schlesischen Lagern ist die durchlaufende Vorlesung oft vor die Arbeit gelegt worden, besonders wenn die Witterungsverhältnisse im zeitigen Frühjahr die Außenarbeit erschwerten.

Diese Anordnung wurde getroffen, weil so für das Nachdenken bei der Arbeit ein unmittelbarer Anlaß gegeben war, und weil den Vorlesungen ihrer ganzen Absicht nach nicht eine gemeinsame Diskussion zu folgen brauchte. Für die Arbeitsgemeinschaft ist die Zeit nach der Mittagsruhe bis zum Abendbrot der geeignetste Tagesabschnitt, ebenso für die Vorträge, die Wissen vermitteln, Standpunkte verfechten, Probleme aufzeigen sollen, die eine gespannte Aufmerksamkeit erfordern und Anlaß zu einer regen Diskussion geben. Für die Abende ist eine angestrengte geistige Tätigkeit nicht geeignet, weil der sehr dichte und gefüllte Tageslauf zur Ermüdung führt und an den Abenden infolgedessen am besten das getan wird, was nach des Tages Arbeit zur Ruhe, zur Entspanung führen kann. Es werden also von Vorträgen nur Berichte, Erzählungen, Reiseschilderungen am besten mit — wenig — Lichtbildern und ähnliche Veranstaltungen zwischen die übrigen ganz der Erholung und Lockerung mit Spiel oder Musik gewidmeten Abende eingeschoben werden können. Wenn diese Regel durchbrochen wird, dann können andererseits besonders wichtige Vorträge als seltene Ausnahmen gerade an den Abenden zu Höhepunkten der geistigen Arbeit werden.

Absicht und Formen musischer Uebungen

Übung und Improvisation

Aus dem Lebensgut der Jugendbewegung heraus sind die musischen Uebungen zu einem selbstverständlichen Bestandteil auf den Arbeitslagern der Bünde geworden, und die Entwicklung zum Volksgruppenlager hat unter dem Gesichtspunkt der Lebenstotalität, die durch die Lager beispielhaft verwirklicht werden sollte, ihnen auch auf dem unwirtlicheren Boden gesellschaftlicher und politischer Spannungsfelder noch Raum gelassen. Dabei ist wohl zu scheiden zwischen der ernsthaften Uebung, die in ihrem Charakter der geistigen Arbeit nahestehen soll und auf den Lagern der Bünde auch oft an deren Stelle getreten ist, und den Lebensäußerungen, die durch das Zusammenleben junger Menschen bei intensiver Arbeit als natürliche Reaktion entstehen und in denen die Phantasie, die Lebenslust, der Spieltrieb, die Kunst der Improvisation sich einen oft sehr ursprünglichen, derben, unmittelbaren, wenig musischen, vorbereiteten, geformten Ausdruck suchen. Beides gehört auf ein gutes Lager, zwischen beiden bestehen enge Beziehungen, indem die Fähigkeit zur Selbstdarstellung abhängt von der inneren Lockerung durch musische Gestaltung, und in vielen Fällen wird das eine fast unmerklich in das andere übergehen. Aber in den Ausgangspunkten bleibt eine wesentliche Verschiedenheit, weil die musischen Uebungen vorbereitet, ausgewählt, von Könnern geleitet sein müssen, während das eigene kulturelle Leben jeden Lagers im Ablauf entsteht, ein gutes Geschenk des Zufalls ist, von der Zusammensetzung der Teilnehmer aufs stärkste abhängt und von der musischen Uebung her bestenfalls nur seinen Anstoß nehmen kann.

Kulturelle Gestaltung als gesellschaftliche Aufgabe

Zur Begründung der Forderung nach bewußter Pflege von Musik und Spiel auf den Lagern der Volksgruppen muß man auf ihren Charakter als Veranstaltungen der jungen Generation hinweisen. Unverkennbar liegen auf diesem Gebiete die bekanntesten und wirkungsvollsten Leistungen der Jugendbewegung vor, und die Beschäftigung mit ihnen gehört schon aus diesem Grund auf die Lager, die ihrerseits durch Kritik und Erprobung eine wesentliche Weiterbildung gebracht haben. Man braucht daran keine allzu weitgehenden Folgerungen zu knüpfen, etwa in der Richtung, daß hieraus Gesinnungsbündnisse hervorgehen können, die der Auseinandersetzung in sozialem Bereich ihre Schärfe nehmen sollen. Was erreicht werden kann, ist eine einheitliche Haltung zu kulturellen Fragen, ein Ueben und Erproben von Formen, die aus gesunden, klaren Voraussetzungen gesellschaftlicher Natur, wie sie die Arbeitslager bieten, herausentwickelt, alte, überlebte, durch individualistische Kälte oder durch romantischen Ueberschwang gleicherweise in den Augen der Jugend diskreditierte Kunst- und Kulturgüter der alten Generation abzulösen bestimmt sind. Praktisch wirkt sich das so aus, daß die Lagerteilnehmer das Gelernte in die Arbeit ihrer Jugendgruppen und Verbände hinübernehmen, Anregungen empfangen, selbst weiterzuarbeiten, und Maßstäbe gewinnen, um an dem kulturellen Geschehen in ihrer Umwelt positive Kritik üben zu können.

Wirkung auf das Lagerleben

Abgesehen von dieser Außenwirkung hat für den Lagerablauf selbst ernsthafte musische Uebung einen hohen Wert, weil sie zu innerer Disziplin zwingt, die formlose, unzusammenhängende, gegensätzliche Menge im Chor, in der Spielgruppe zur Einheit zusammengefaßt und immer wieder neu gliedert, weil sie innere Hemmungen wegräumt und durch ihre Bindekräfte dem Willen zur Kameradschaft, zur Offenheit, unmerklich zum Durchbruch verhilft. Auf der anderen Seite kann ein gemeinsam erarbeitetes Kunstwerk die durch den Lagerablauf gewonnene lebensmäßige Einheit der Lagerteilnehmer abschließend und überzeugend zum Ausdruck bringen, wo der Schlußbericht, die letzte Aussprache, eine Diskussion sich als zu schwach, mehrdeutig und gestaltungsarm erweisen.

Inhalte der bisherigen Arbeit

Die Musikarbeit auf den bündischen Lagern entwickelte sich entsprechend der Jugendmusikbewegung, aus der namhafte Führer jeweils die Leitung übernahmen. Inhaltlich brachte sie ein Zurückgehen auf alte Gemeinschaftsmusik; der Kanon als selbstverständlicher Weg zur Polyphonie und zugleich eindeutigste Form des Zusammensingens stand oft beispielhaft im Vordergrund, daneben mehrstimmige Chöre, Madrigale, Zwiegesänge, z. T. mit Instrumentalmusik, mitunter auch kleinere reine Instrumentalstücke.. Zur Vorbereitung und Ergänzung dienten Arbeitsgemeinschaften über Methodik der Chorleitung, über Musik und Sprache, über Elementarlehre der Musik, über Musik und Gesellschaft, die gleichwichtig neben der geistigen Arbeit im Rahmen des Lagerthemas abgehalten wurden. Nebenher ging das Erarbeiten guter Gebrauchsmusik für das Leben in den Gruppen, die den verbrauchten Bestand an Liedern ablösen sollte.

Bei der Uebung guter Spielkunst machte sich immer wieder die Schwierigkeit bemerkbar, daß zur Bewältigung größerer Aufgaben in der kurzen Lagerzeit die Kräfte kaum ausreichen können. Trotzdem hatte diese Arbeit die beste Wirkung auch auf das Lagerleben, weil sie fast alle Teilnehmer in verantwortliche Aufgaben einbezog, weil sie die verschiedensten Talente weckte — Bühnenbau, Kostümschneidern, Plakate malen, Begleitmusik usw. gehört alles mit dazu — und weil sie bei einem guten Gelingen durch das Zusammenspiel aller die entstandene innere Einheit viel überzeugender zum Ausdruck brachte als jede andere Lebensäußerung. Als Beispiele bewährter und geeigneter Stücke seien die auf den Lagern der Deutschen Freischar erarbeiteten Schauspiele angeführt: „Cymbeline", „Sturm" von Shakespeare, das Urner Tellspiel, „Der verlorene Sohn" von Burkard Waldis, „Der kupferne Aladin" und „Der Turm von Phamagusta" von Luserke, dessen Buch „Shakespeare-Aufführungen als Bewegungsspiel" für die Grundlegung dieser Uebungen wichtig war. Auch auf den Volkslagern hat man Versuche gemacht; einfache Laienspiele und die Stücke von Luserke scheinen dafür am besten geeignet. Bei größeren Schauspielen wird man sich auf einzelne Szenen beschränken müssen. So wurde z. B. auf einem Schlesischen Lager die Rüpelszene aus dem „Sommernachtstraum" von Shakespeare aufgeführt, auf einem Norddeutschen „Blut und Liebe" von Luserke, auf dem Arbeitslager Münsingen der Tübinger Studentenschaft Szenen von Walter Flex, Thoma und das Urner Tellspiel, auf dem Boberhauslager 1932 „Die Seeschlacht" von Göring. Der Hauptwert liegt auch hierbei auf der Uebung; wenn auch meist am Schluß eine Aufführung in der Oeffentlichkeit stattfand, so war sie keineswegs das Ziel, sondern höchstens eine Probe auf das Erreichte, und der sinnvollste Abschluß war der, daß das Lager selbst sich und höchstens seinen Freunden aus der Nachbarschaft damit eine Freude machte.

In den Volkslagern haben die von den Studenten aus der Jugendbewegung mitgebrachten musischen Uebungen in ihrer strengen Form nicht so sehr Fuß fassen können. Das Verlangen nach einer Gleichberechtigung der freien Künste wird von der bündischen Jugend leichter verstanden als von der werktätigen, die Singen und Spiel oft als Zeitvergeudung empfindet, weil beides in ihrem Arbeitsleben keinen Platz mehr hat, und weil die an ihre Stelle getretenen Surrogate in Kino und mechanischer Musik der Passivität Vorschub leisten. Sie wird deshalb auch den Arbeitsfaktor und die unmittelbare pädagogische Wirkung dieser Uebung nicht ohne weiteres einsehen. Es kommt hinzu, daß z. B. ein gemeinsames Liedgut meistens nicht vorhanden sein kann, weil auf dem Lande heute nicht mehr viel gesungen wird und höchstens die in der Schule gelernten Lieder vorausgesetzt werden können, während bei jungen Arbeitern außerhalb dieses Rahmens allenfalls Partei- und Kampflieder vorhanden sind, die musikalisch oft belanglos und inhalt-

Aufgabenstellung auf den Volkslagern

lich nicht für die Lagergesamtheit verbindlich sind. Die Hauptaufgabe besteht also hier darin, das Lager überhaupt erst zu gemeinsamem Singen zu bringen und einfache, aber wertvolle Gebrauchsmusik zu vermitteln, die auch von den Jungbauern in ihren Vereinen und den Arbeitern in ihren Gruppen weitergegeben werden kann. Aehnlich liegen die Verhältnisse beim Spiel; es kann nicht der Sinn der Lager mit ihrer vor allem politischen Spannung sein, soviel Zeit, wie für die Erarbeitung eines zusammenhängenden Schauspiels benötigt wird, auf Kosten der Vorträge und Rundgespräche aufzuwenden. In der inneren Wirkung können die in der proletarischen Jugend ausgebildeten Sprechchöre und Stegreifspiele einen gewissen Ersatz bieten; besonders die letzten haben sich bewährt, weil sie Phantasie und Improvisationskunst voraussetzen und inhaltlich als „Sittenspiegel" des Lagerlebens eine ähnlich natürliche und selbstverständliche Kontrolle bedeuten wie die Wandzeitung des Lagers.

Freizeit und Freizeitgestaltung

Freizeit auf Arbeitslagern kann zweierlei bedeuten: einmal die Zeit, die dem einzelnen Teilnehmer zur individuellen Verwendung freigegeben ist, ferner die Zeit, die zwar außerhalb der eigentlichen Lagerarbeit, also der Werkarbeit, der Vorträge und Arbeitsgemeinschaften und musischen Uebungen liegt, die aber nicht den einzelnen überlassen ist, sondern vom ganzen Lager gemeinsam verbracht und ausgestaltet wird; denn wenn die Arbeit für alle verbindlich ist, so muß auch die Entspannung, die Erholungszeit im Lagerleben allen gemeinsam sein.

Lagerleben steht vor persönlicher Freizeit

Die *persönliche Freizeit* ist bisher immer sehr beschränkt gewesen. Neben den Pausen vor und nach den Mahlzeiten gehört im allgemeinen nur die Zeit der Mittagsruhe dazu und ein bis zwei Abende in der Woche. Mehr ist bei den etwa dreiwöchigen Volkslagern nicht nötig, die ja gegenüber der privaten Lebensführung immer einen Ausnahmezustand bedeuten. Viel individuelle Freizeit kann die Intensität des Lagerlebens erheblich schwächen. Anderseits darf sie nicht ganz fehlen, weil sonst persönliche Gespräche, Besprechungen der Gruppen, Einzelspaziergänge zu ruhiger Besinnung usw. keinen Platz finden können. Im übrigen wird bei einem guten Lagerleben wenig Bedürfnis nach dieser Art Freizeit entstehen. Bei längeren Veranstaltungen im Rahmen des freiwilligen Arbeitsdienstes wird sie natürlich einen weiteren Raum einnehmen müssen.

Gemeinsame Freizeit als pädagogische Aufgabe

Die gute Ausgestaltung der *gemeinsamen Freizeit* ist eine notwendige Voraussetzung des Lagerlebens. Sie gibt ihm im allgemeinen erst Buntheit und Fröhlichkeit. Da der Tageslauf ohnehin dicht besetzt ist, spielen die Abende die Hauptrolle; sie sollten allgemein von der eigentlichen Arbeit im Rahmen des Lagerthemas freigehalten werden. Zwischen ernsthaften, besinnlichen und fröhlichen, ausgelassenen Abenden sind viele Zwischenstufen denkbar; die Freude, die ein gutgelungener Abend erweckt, ist nicht allein meßbar am Lachen. Viele Eigenschaften unter den Teilnehmern, die bei der Tagesarbeit nicht zum Vorschein kommen, bringen die Abendveranstaltungen ans Licht; die geselligen Talente sind oft andere als die Kolonnenführer bei der Werkarbeit oder die Sprecher in den Arbeitsgemeinschaften. Deshalb sollte die Führung auch diesen Teil des Lagerlebens sorgfältig betreuen.

Bewährte Formen

Für die Ausgestaltung gibt es bereits eine ganze Reihe erprobter Möglichkeiten, die als Beispiel hier angeführt sein mögen[1]). Ein beliebtes Mittel, Beiträge einzelner Teilnehmer hervorzulocken, sind die Erzählabende. Heute sind viele der jungen Erwerbslosen „auf der Walze" gewesen. Ein Abend „Reisen und Wandern" wird manches ursprüngliche Erzählertalent zum Vorschein kommen lassen. Ein anderer Abend kann heißen „Berufsabenteuer", ein weiterer „Vom Grant, Kohldampf usw.". Der gesellschaftliche Blick kann geschärft werden, wenn man versucht, durch Lebensberichte eine anschauliche Soziologie zu entwickeln, etwa in der Gegenüberstellung Großstadt, Mittelstadt, Kleinstadt u. ä. Sind auf dem Lager feste Gruppen vorhanden, so soll man ihnen Gelegenheit zur Ausgestaltung von Gruppenabenden geben; dieser Brauch hat sich auf den Schlesischen Lagern sehr bewährt. Das ganze Lager kann beteiligt werden bei der Veranstaltung von Diskussionsabenden, wo eine gut zugespitzte Frage in Referat und Gegenreferat erläutert und eine anschließende Diskussion auch formal sorgfältig durchgeführt wird, eventuell mit einer Kritik über das Verhalten der Sprecher. Auf einem Lager wurde eine Diskussion in der Form einer Reichstagssitzung durchgeführt. Großes Interesse fanden auch stets Abende mit dem Thema: „Wir und das Buch", auf denen entweder jeder sein Lieblingsbuch mit Leseproben vorstellen konnte oder gemeinsam eine Uebersicht über wichtige literarische Gebiete erarbeitet wurde. Möglichkeiten zur Belebung liegen in der Verwendung von Lichtbildern; besonders bei Reiseberichten aus fremden Ländern kann auf sie kaum verzichtet werden; aber auch bei vielen anderen Themen, z. B. bei einer Unterhaltung über „Neues Bauen" sind sie immer sehr begrüßt worden. Fröhliche Unterhaltungsabende können im Zusammenhang mit den musischen Uebungen vorbereitet werden. Sie gelingen aber oft auch besonders gut, wenn sie erst kurz vorher beschlossen und ohne alle Vorbereitung improvisiert werden. Am Schluß des Lagers sollte immer ein festlicher Abschlußabend bestehen, auf dem das in Spiel und Musik Gelernte zusammengefaßt wird, und zu dem möglichst auch die Bevölkerung des Lagerortes eingeladen werden sollte. Eine anschließende Nachtwanderung mit gemeinsamem Feuer ist auf manchen Lagern ein besonders wirkungsvoller und verpflichtender Abschluß gewesen.

---

[1]) Sie stammen vor allem aus den Berichten über die Norddeutschen Lager, wo diese Seite des Lagerlebens mit besonderer Sorgfalt und großem Geschick gepflegt worden ist.

Festtags-gestaltung

Neben den Abenden stellen der Freizeitgestaltung besondere Aufgaben die Sonntage oder Festtage. Es gibt kaum eine bessere Möglichkeit, als sie zu einer langen, gemeinsamen Wanderung zu benutzen. Dabei muß achtgegeben werden, daß Gelegenheit zum Kirchgang sein muß. Der Wechsel zwischen Werktag und Sonntag muß deutlich in Erscheinung treten, nach der arbeitserfüllten Woche muß dem Sonntag sein Recht werden. Eine gemeinsame Morgenfeier mit Vorlesen und gutem Musizieren kann eine gute Wirkung tun, ebenso eine festliche Ausgestaltung der Mahlzeiten. Sonntage zur persönlichen Verwendung freizugeben, wird bei kurzen Volkslagern nicht nötig sein und bei längeren Arbeitslagern auch möglichst die Ausnahme bilden müssen.

Bei der Ausfüllung der noch offenen Freizeitlücken spielt der Sport eine besondere Rolle. Die gemeinsame Morgengymnastik gehört selbstverständlich in den Tageslauf hinein; außerdem haben sich Gruppenspiele am besten bewährt, sei es, daß Kämpfe zwischen zwei Lagermannschaften ausgefochten wurden, oder daß das Lager zu einem atemraubenden Kampf gegen die Mannschaft eines Turn- oder Sportvereins des Lagerortes im Handball oder Fußball antrat. Von sonstigen sportlichen Uebungen sind immer die am besten geeignet, die keine Geräte erfordern, wie Waldläufe, Fuchsjagden u. ä.

Die wirtschaftlichen Grundlagen

Ausgaben und Einnahmen

Notwendigkeit und Begründung öffentlicher Zuschüsse

Da die Arbeitslager eine pädagogische Einrichtung, eine Stätte der Selbsterziehung der jungen Generation sein sollen, da also die produktive Arbeitsleistung nicht als Selbstzweck im Vordergrund steht, und bei ihrem gemeinnützigen und zusätzlichen Charakter nur einen bescheidenen Lohn einbringen kann, ist es auf die Dauer nicht möglich, Arbeitslager zu errichten, die ohne Zuschußbedarf auskommen können. In dieser Beziehung geht es ihnen wie anderen Bildungsveranstaltungen. Jede volksbildnerische Maßnahme, der Betrieb eines Volkshochschulheimes, die Durchführung von einzelnen Kursen, Erwerbslosenfreizeiten usw., ist abhängig von der Finanzhilfe durch öffentliche Gelder. In diesen Kreis etwa gehören die Arbeitslager nach Teilnehmerzusammensetzung und Wirkung hinein; auch die Veranstaltungen des freiwilligen Arbeitsdienstes können sich nicht selbst tragen ohne zusätzliche Finanzierung durch die Reichsanstalt oder das Reichsarbeitsministerium.

Nun wird man gewiß in der heutigen Notzeit vieles einwenden gegen die Schaffung von Einrichtungen, die öffentliche Mittel in Anspruch nehmen wollen. Demgegenüber ist zu betonen, daß im Vergleich zu den gesamten kulturellen Aufwendungen die Etatposten für die gesellschaftliche Erziehung der werktätigen Jugend bei uns immer noch in einem krassen Mißverhältnis stehen und keineswegs dem Umfang und

der Wichtigkeit der betroffenen Volksschichten entsprechen. Es soll von den Arbeitslagern aus hier nicht die ganze Schwierigkeit des Bildungsmonopols aufgerollt werden, aber ihr spontanes Entstehen in der jungen Generation und die gleichberechtigte Einordnung aller Gruppen beweist, daß dieser Fragenkreis in sehr demokratischer Weise praktisch angepackt worden ist und daß in der Arbeitslagerbewegung eine solidarische Haltung der gesamten Jugend zum Durchbruch kommt. Als unmittelbarer gesellschaftlicher Gestaltungsversuch aufgefaßt und bewertet, sind die Lager wichtiger und sollten deshalb eher gefördert werden als manche zwar ehrwürdigen und (im doppelten Wortsinn) teuren, aber heute überholten kulturellen Angelegenheiten.

Der Haushaltplan eines Arbeitslagers wird je nach der Art seiner Durchführung verschieden sein. Im folgenden werden zunächst die wirtschaftlichen Grundlagen eines Volkslagers besprochen werden, wie es als Grundform zuerst herausgearbeitet worden ist, und im Anschluß daran die Finanzierungsmöglichkeiten, die sich aus den Bestimmungen über den freiwilligen Arbeitsdienst ergeben.

Die Ausgabenseite eines Lagerhaushaltes

Findet das Lager in einem geschlossenen Heim statt, so werden die Kosten für Unterkunft und Verpflegung den größten Ausgabeposten bilden. Der Tagessatz pro Kopf ist nach den bisherigen Erfahrungen bei ausreichender Kost etwa bei 2,— bis 2,50 RM. anzusetzen. Dieser Betrag wird sich in Monaten, wo Heizung erforderlich ist, kaum unterschreiten lassen. Bei feldküchenmäßiger Selbstverpflegung etwa in leerstehenden Jugendherbergen kann er auch darunter sinken, aber meistens wird eine solche Ersparnis wieder aufgewogen durch größere Unbequemlichkeit und durch den Verdienstausfall der Arbeitskräfte, die mit der Zubereitung des Essens beschäftigt werden müssen. Mitunter kann auch die Werkarbeit des Lagers auf die Verpflegung angerechnet werden. Die entstehende Verbilligung wird sich dann nach Arbeitslohn und Arbeitsdauer richten. Eine völlige Aufrechnung ist nach den bisherigen Erfahrungen nur in seltenen Fällen und erst bei mindestens 6—7 Arbeitsstunden möglich, also eigentlich schon jenseits der Zeitgrenze, die in einem ausgeglichenen Volkslager der Werkarbeit vorbehalten werden kann.

Ein weiterer Posten sind die Vorbereitungskosten eines Lagers. Sie werden immer dann verhältnismäßig hoch sein, wenn in einer Landschaft zum ersten Male ein Lager errichtet wird. Sie gliedern sich auf in Ausgaben für die Teilnehmerwerbung (Briefwechsel, Reisen, Druckschriften), für die Auswahl eines geeigneten Ortes und die Beschaffung der Arbeit, für die Besorgung von Zuschüssen (Gesuche, Denkschriften, Behördenbesuche), für die Beschaffung von Zeitungen, Zeitschriften, für das Ausleihen oder den Ankauf von Arbeitsgeräten und Arbeitskleidung. Ihre Höhe läßt sich nicht leicht abgrenzen. Wenn eine Trägergruppe in ihrer Heimat Vertrauen genießt und über viele Verbindungen verfügt, kann die Vorbereitung schnell erledigt sein; ebenso, wenn Arbeitslager in einer längeren Reihe aus der in alle vorangegangenen hineingesteckten Arbeit Nutzen ziehen können. Nicht zuletzt liegt es an der Vorbereitungsgruppe selbst, dafür zu sorgen, daß diese Kosten niedrig bleiben; hektographierte Schriften sind billiger als gedruckte, und bei Benutzung des Fahrrads kann man manche Eisenbahnreise sparen. Wenn im Zusammenhang mit der Werkarbeit keine größeren Ausgaben entstehen, werden 300,— bis 350,— RM. ausreichen können.

Im Zusammenhang mit der geistigen Arbeit auf dem Lager können Ausgaben daraus entstehen, daß man sich veranlaßt sieht, den zu Vorträgen eingeladenen Fachleuten usw. die Unkosten für Reise, Aufenthalt oder wohl noch ein Honorar zu vergüten. Diese Kosten können aber offenbar am leichtesten gedrückt werden. Unter den heutigen Verhältnissen erfordert der Besuch eines Lagers von den jugendlichen Teilnehmern, Werktätigen wie Studenten, erhebliche materielle Opfer in den Reisekosten, dem Teilnehmerbeitrag, der ehrenamtlichen Tätigkeit bei der Vorbereitung usw., die getragen werden, weil die Jugend die Lager zu ihrer Sache macht. Wenn sie nun Menschen der älteren Generation zu ihren Begegnungen einlädt, so wird sie von ihnen mit gutem Gewissen erwarten können, daß sie ihre Anteilnahme ebenfalls durch ein spürbares Opfer deutlich machen, wenn sie dazu in der Lage sind. Es brauchen ja nicht immer „Kanonen" aus der Haupt- oder Universitätsstadt zu sein; die Lager sind gewiß nicht unlebendig gewesen, die mit den Kräften der Landschaft auszukommen verstanden.

Wenn Wert darauf gelegt wird, Teilnehmer aus einem weiten Umkreis heranzuziehen, wie etwa bei den Lagern der Bünde, dann wird sich die Zahlung eines Fahrgeldausgleichs nicht umgehen lassen. Dieser Ausgabeposten korrespondiert indessen mit den Teilnehmerbeiträgen auf der Einnahmeseite, aus denen in der Regel durch eine entsprechende Erhöhung die Mittel für den Ausgleich beschafft worden sind. Bei den landschaftlich gebundenen Volksgruppenlagern wird er weniger in Frage kommen. Bei vielen Arbeitslagern des Jahres 1931 sind Fortbewegungsmittel ausgeprobt worden, die ein kostenloses Erreichen des Lagerplatzes ermöglichen, sei es die Wanderung auf kürzeren Strecken, das Radfahren oder das „hitch-hiking" auf der Landstraße mit Hilfe von Motorfahrzeugen[1]). Neuerdings ist durch das Entgegenkommen der Reichsbahn für die Teilnehmer die An- und Abreise zum halben Fahrpreis ermöglicht worden, wenn das Lager als Veranstal-

Selbsthilfe zur Verbilligung

[1]) Diese Selbsthilfe wirkt außerdem belebend; spannende Erzählabende über den Weg zum Lager fanden sich eigentlich erst im vergangenen Herbst, als der normale Eisenbahnweg für viele nicht mehr möglich war. Es gibt auf diese Weise schon eine anschauliche Theorie von kostenlosem Autofahren, warum es Sonntag und Montag nicht geht, vom „Durchgangswagen", daß man am besten vorwärtskommt, wenn man tut, als ob man's nicht nötig hätte, und warum man die Konkurrenz immer hübsch vorweglaufen lassen muß.

tung des freiwilligen Arbeitsdienstes vom zuständigen Landesarbeitsamt anerkannt worden ist.

Ein wichtiger Ausgabeposten sind weiterhin die Beiträge für die Versicherung der Lagerteilnehmer gegen Krankheit, Unfall und Haftpflicht. Eine einheitliche Regelung ist bislang nicht erfolgt; die Arbeiter waren als Unterstützungsempfänger meistens gegen Krankheit versichert, und wenn das Lager in geschlossenen Heimen stattfand, dann galt die von dort aus generell abgeschlossene Unfall- und Haftpflichtversicherung auch für eine solche Veranstaltung mit. Bei einer stärkeren Ausbreitung der Lagerbewegung werden die bereits angestellten Versuche zu einer zentralen Regelung, die eine wesentliche Verbilligung im Gefolge haben würde, durchgeführt werden können. Zu einer ordnungsgemäßen Durchführung gehört auf alle Fälle der Abschluß einer solchen Versicherung schon mit Rücksicht auf die Werkarbeit.

Schließlich werden auf der Ausgabenseite noch die Kosten für die Verwaltung während des Lagers, für Sonderausgaben (Festvorbereitung, Wanderungen u. ä.) und für die Abwickelung einzustellen sein. Zu den Abschlußarbeiten gehört auch eine eingehende Berichterstattung über das Lager, um es in der Oeffentlichkeit bekanntzumachen, Freunde zu werben und die Vorbereitung für das nächste zu erleichtern.

Das Einnahmekonto ist einfacher zusammengesetzt; auf ihm können nur erscheinen die Zuschüsse von Behörden, aus besonderen Sammlungen oder aus zu diesem Zweck gegründeten Fördererkreisen, die Teilnehmerbeiträge und der Arbeitsverdienst. Die ersteren sind in ihrer Höhe im vornherein nicht zu bestimmen. Dieser Posten ist in der Rechnung durch die neuere Entwicklung am meisten gefährdet, andererseits zum Rechnungsausgleich heute noch unentbehrlich. Wenn es möglich wäre, diese Zusatzfinanzierung von den öffentlichen Kassen unabhängiger zu machen etwa durch die Gründung von Fördererkreisen mit landschaftlicher Abgrenzung nach norddeutschem Beispiel überall dort, wo Lager veranstaltet werden, dann wäre für die Sicherung des Lagerwerkes viel gewonnen. Beachtenswert ist in dieser Beziehung das Vorgehen der Studentenschaften in Baden, Württemberg und Leipzig, welche die Arbeitslager soweit als ihre Sache ansahen, daß sie den Zuschußbedarf aus Kopfbeiträgen deckten, die von allen Studenten eingezogen wurden.

Die Einnahmeseite

Unabhängigkeit von öffentlichen Kassen erstrebenswert

Die Erhebung von Teilnehmerbeiträgen ist schon aus erzieherischen Gründen eine notwendige Maßnahme, so schwer es heute den Studenten, den Erwerbslosen oder den Jungbauern ankommt, vom Wechsel, der Unterstützung, dem geringen Verdienst dafür einen Betrag freizumachen. Auch im Falle des freiwilligen Arbeitsdienstes wird ja stets nur ein Teil des Tagegeldes an den einzelnen ausgezahlt. Selbst wenn man die verschiedene Leistungsfähigkeit berücksichtigt — bisher haben die Studenten in der Regel die höchsten Beiträge gezahlt —, wird in der heutigen Notzeit kaum ein durchschnittlicher Teilnehmerbeitrag von 15,— RM. für drei Wochen überschritten werden können.

Der Arbeitsverdienst ist auf den bisherigen Lagern sehr verschieden, im Durchschnitt aber immer ziemlich niedrig gewesen. Das lag nicht an der geringeren Arbeitsleistung der ungeschulten Kräfte allein, sondern vor allem an dem zusätzlichen und gemeinnützigen Charakter der Arbeit, der eine Entlohnung in der üblichen Tarifhöhe von selbst ausschließt. Es kommt hinzu, daß infolge der technischen Arbeiten für den Ablauf des Lagers (Küchendienst, Hausarbeit) immer etwa 15 % der Teilnehmer beschäftigt sind, ohne daß eine Lohnverrechnung in den meisten Fällen erfolgen kann. Ein Stundenlohn von 20 bis 25 Pfg. wird unter den heutigen Verhältnissen wohl die Obergrenze des Erreichbaren darstellen.

Ein Finanzplan

Der folgende, zwar fiktive, aber nach den bisherigen Erfahrungen unter Berücksichtigung der heutigen Lage zusammengestellte Finanzplan

Finanzplan

für ein Arbeitslager von 80 Teilnehmern und 20 Tagen Dauer

	Fall A	Fall B
Ausgaben:	RM.	RM.
Vorbereitung	200	300
Verpflegung und Quartier (Tagessatz 1,80 RM.) . . .	2 880	3 680 (Tagessatz 2.30 RM.)
Fahrgeldausgleich (pro Kopf 2,50 RM.) . . .	200	320 (pro Kopf 4,00 RM.)
Gäste und Referenten	100	200
Allg. Verwaltung und Sonderausgaben	150	250
Versicherungen	150	150
	Summe x = 3 680	4 900 = Summe y
Einnahmen:		
Teilnehmerbeiträge (pro Kopf 15 RM.)	1 200	800 (pro Kopf 10 RM.)
Arbeitsverdienst für 70 Mann und 16 Arbeitstage (5 Stunden zu 0,25 RM.) . .	1 400	830 (5 Stunden zu 0,15 RM.)
	Summe a = 2 600	1 630 = Summe c
Arbeitsverdienst für 70 Mann und 16 Arbeitstage (4 Stunden zu 0,25 RM.) . .	1 120	672 (40 Stunden zu 0,15 RM.)
	Summe b = 2 320	1 472 = Summe d

Mithin beträgt der Zuschußbedarf:

in den Kombinationen:		
	x · a = 1 080 RM.	x · b = 1 360 RM.
	y · c = 3 270 RM.	y · d = 3 428 RM.
	x · c = 2 050 RM.	x · d = 2 208 RM.
	y · a = 2 300 RM.	y · b = 2 580 RM.

soll diese Wirtschaftsgrundlagen für die Volkslager noch einmal zusammenfassen. In ihm ist ein Optimalfall (A) ausgerechnet, der mit den geringsten Ausgaben und günstigsten eigenen Einnahmen des Lagers aufgestellt ist; er muß also die Untergrenze des Zuschußbedarfes angeben. Daneben steht ein Normalfall (B), der in den Ausgaben mehr Spielraum läßt und die Möglichkeiten geringerer Einnahmen berücksichtigt. Aus der Kombination der verschiedenen Einahme- und Ausgabesummen läßt sich dann ein Ueberblick über die jeweilige Höhe des Zuschußbedarfes gewinnen. Das Schema kann zugleich ein Anhalt sein für die Kalkulation eines geplanten Lagers, wenn die in jedem einzelnen Fall naturgemäß verschiedenen Posten an die Stelle der hier nur angenommenen gesetzt werden.

Die Bestimmungen über den freiwilligen Arbeitsdienst und die Lagerfinanzierung

An anderer Stelle dieses Buches ist näher ausgeführt, wie die Nachbarschaft von Arbeitslager und freiwilligem Arbeitsdienst beschaffen ist und welche Aufgaben der Lagerbewegung bei der Durchformung der Dienstpflichtversuche erwachsen bzw. welche Beachtung ihre Pionierarbeit im Falle einer breiteren gesetzlichen Regelung erwarten darf. Hier interessieren nur die Möglichkeiten, die sich für die Wirtschaftsgrundlage der Arbeitslager aus den Bestimmungen über den freiwilligen Arbeitsdienst auf Grund des § 139 a AVAVG. ergeben. Der bisher erfaßte Personenkreis ist verhältnismäßig eng umgrenzt. Zunächst kommen nur solche Erwerbslose in Frage, die noch Arbeitslosen- oder Krisenunterstützung erhalten. Für Jugendliche unter 21 Jahren, die überhaupt keine Unterstützung erhalten, weil sie auf den familienrechtlichen Unterstützungsanspruch angewiesen sind[1]), kann die Förderung durch den freiwilligen Arbeitsdienst im Rahmen besonderer für diesen Zweck ausgeworfener Mittel des Reichsarbeitsministeriums gleichfalls in Anspruch genommen werden. Eine Ausdehnung auf Wohlfahrtserwerbslose ist lediglich in das Ermessen der Bezirksfürsorgeverbände gestellt, denen aber besondere Zuschüsse über die Mittel der Wohlfahrtspflege hinaus innerhalb der bisherigen gesetzlichen Regelung nicht zur Verfügung stehen. Daher ist bei der Notlage der Kommunen und Kommunalverbände diese Gruppe von Erwerbslosen nur in Ausnahmefällen bisher einbezogen worden. Hier liegt eine Lücke der gesetzlichen Regelung vor, denn dieser Teil hat die Erfassung durch den freiwilligen Arbeitsdienst am nötigsten.

Wer ist im freiwilligen Arbeitsdienst förderungsberechtigt?

Andere Volkskreise sind bisher nicht berücksichtigt. Daraus entsteht eine gewisse Schwierigkeit, Veranstaltungen des freiwilligen Arbeitsdienstes durch Teilnahme von Jungbauern und Studenten zu Volkslagern zu machen. Es wäre zu wünschen, daß mindestens auch die stel-

[1]) Gemäß § 87 Absatz 2 AVAVG.

Forderungen zur Erweiterung der Förderung

lungslosen Jungakademiker, die nach ihrem Examen überhaupt noch keine oder nicht lange genug Arbeit gefunden haben, um unterstützungsberechtigt zu werden, unter den gleichen Bedingungen teilnehmen könnten, ebenso Studenten, denen die Mittel zum Studium ausgegangen sind und auch Abiturienten, die in der heutigen Zeit keinen sinnvollen Berufsanfang finden können[1]). Unter diesen Umständen wird die Förderung durch den freiwilligen Arbeitsdienst bei der Veranstaltung von Volkslagern zunächst nur für den einen Sektor der Teilnehmerschaft in Frage kommen, während die Studenten und die Bauern wie bisher durch Teilnehmerbeiträge und Sonderzuschüsse bis zu einer entsprechenden Erweiterung der gesetzlichen Bestimmung finanziert werden müssen.

Formen der Förderung

Die Unterstützung eines, den gesetzlichen Bestimmungen entsprechenden, Erwerbslosen kann in zwei Formen vor sich gehen: einmal kann er von der Meldepflicht befreit und ihm seine Unterstützung an das Arbeitsamt des Lagerortes oder an den Träger der Arbeit direkt überwiesen werden — darin liegt an sich keine Neuerung, denn diese Möglichkeit bestand auch bisher bei Bildungsveranstaltungen —, ferner kann eine Pauschalförderung stattfinden durch Festsetzung einer nach Höhe und Dauer vereinheitlichten Unterstützung jeweils für ganze Gruppen von Arbeitsdienstwilligen. Nach dem bisherigen Brauch beträgt sie bis zu 2,— RM. pro Kopf und Tag. Dieser Weg wird in Frage kommen, wenn die individuelle Unterstützung im allgemeinen niedriger ist, oder wenn Erwerbslose unter 21 Jahren sonst keine Unterstützung erhielten. Während im ersten Falle die gesetzliche Unterstützungsdauer unberührt bleibt, also die Ueberweisung bei ihrem Ablauf aufhört, kann im zweiten Falle die Pauschalförderung bis zu einer Dauer von 20 Wochen weitergewährt werden, auch wenn innerhalb dieser Zeit der gesetzliche Unterstützungsanspruch erlischt. Jedoch ist in den Richtlinien des Präsidenten der Reichsanstalt vom 29. Juli 1931[2]) ausdrücklich betont, daß auf diesem Wege eine grundsätzliche Verlängerung der Unterstützungsdauer nicht beabsichtigt ist. Solche Fälle werden deshalb Ausnahmen bleiben. Wichtig ist ferner, daß allgemein die Anerkennung eines Lagers als Veranstaltung des freiwilligen Arbeitsdienstes nicht dadurch berührt wird, daß andere Personenkreise, wie Studenten usw., die nicht der Förderung unterliegen, an ihm teilnehmen[3]). Auf diese Weise ist es möglich, daß z. B. allen Teilnehmern die 50%ige Fahrpreisermäßigung bei der An- und Abreise zugute kommen kann. Bei der Vorbereitung ist noch zu beachten, daß dem Landesarbeitsamt gegenüber eindeutig feststehen muß, wer Träger der Arbeit ist und wer Träger des Dienstes. Der erste stellt die Arbeit bereit und muß nachweisen, daß er die zusätzlichen Kosten für die Arbeitsgeräte, das

---

[1]) Vgl. die Fußnote 1 zu Seite 32.

[2]) Vgl. Anhang, Anlage 11c, Abschnitt E 3.

[3]) ebenda, Abschnitt D 3.

Material usw. tragen und die Durchführung finanziell sichern kann. In der Regel wird es sich dabei um eine gemeinnützige Anstalt oder Körperschaft öffentlichen Rechts handeln. Der Ausdruck „Arbeitgeber" ist vermieden, weil durch den freiwilligen Arbeitsdienst kein Arbeitsverhältnis im Sinne des Arbeitsrechts begründet wird[1]). Der Träger des Dienstes dagegen ist die Stelle, die Dienstwillige sammelt und für die Arbeit zur Verfügung stellen kann. Hierhin gehören also auch die Vorbereitungsgruppen für Arbeitslager, die vereinsrechtlich konstituiert sein müssen. Die in Württemberg und Baden unter Mitarbeit bisheriger Arbeitslagerträger, der Arbeitsbehörden und der Studentenschaften gebildeten Dachorganisationen sind vorbildlich.

Ein Entwurf für einen Kostenvoranschlag eines Arbeitslagers, das mit Hilfe der Bestimmungen über den freiwilligen Arbeitsdienst durchgeführt werden soll, würde etwa folgendermaßen aussehen: Wie wird ein freiwilliges Arbeitsdienstlager finanziert?

Es ist angenommen, daß ein Projekt vorhanden ist, zu dessen Durchführung bei sechsstündiger Arbeitszeit 5000 Tagewerke notwendig sind bei einer angenommenen Leistungsfähigkeit der Arbeitsdienstfreiwilligen von 90 Proz. derjenigen eines Facharbeiters. Dann wird man von vornherein einen Zuschlag von etwa 10 Proz. machen müssen für zu erwartende Minderleistung, wenn am Anfang der Arbeit die volle Leistung noch nicht erreicht ist, wenn bei einem längeren Lager Teile der Belegschaft wechseln und eine Einarbeitung notwendig ist, schließlich auch für Ausfälle durch schlechtes Wetter bei Außenarbeiten. Weiterhin müssen nach den bisherigen Erfahrungen etwa 15 Proz. der Tagewerke zugeschlagen werden für den Teil der Belegschaft, der infolge von Küchen- und Hausdienst, von Verwaltungs- und Reparaturarbeiten und von Krankheit nicht zur Arbeit an der Arbeitsstelle zur Verfügung steht. Es ergeben sich also 6250 Tagewerke.

Weiterhin sei angenommen, daß das Lager für 55 Mann errichtet werden soll, weil nicht mehr Unterkunftsmöglichkeiten vorhanden sind, oder weil an der Arbeitsstelle nicht mehr gleichzeitig beschäftigt werden können. Dann ergeben sich (6250 : 55) etwa 114 und mit Einrechnung der für die Errichtung und den Abbruch des Lagers notwendigen Zeit etwa 120 Arbeitstage. Das Lager würde also (120 : 6) 20 Wochen dauern müssen. Das heißt, es müssen insgesamt für (20×7×55) 7700 Aufenthaltstage die Kosten aufgebracht werden. Nimmt man einen Tagessatz von 2,30 RM. an, in dem Verpflegung und Unterkunft, Taschengeld für die Erwerbslosen, Kosten für Versicherung und Verwaltung und ein kleiner Betrag für die Beschaffung von Literatur, Notenbüchern und Zeitschriften enthalten ist, so ergeben sich als Gesamtkosten des Lagers (7700 × 2,30 RM.) 17 710,— RM.

Für die Aufbringung dieses Betrages gibt es drei Quellen. Einmal den Träger bzw. Nutznießer der Arbeit, ferner das Arbeitsamt und für die noch offenstehenden Posten muß der Träger des Dienstes

[1]) Vgl. Anhang, Anlage 11a.

versuchen, durch Zuschüsse irgendwelcher Art Deckung zu beschaffen. Es wäre etwa denkbar, daß der Nutznießer der Arbeit einen Satz von 1,10 RM. für jedes an der Arbeitsstelle geleistete Tagewerk im Rahmen des Arbeitsvertrages vergütet. Daraus würden sich im folgenden Beispiel 5500,— RM. ergeben. Ferner sei angenommen, daß von den 55 Teilnehmern 35 förderungsberechtigt im Sinne des § 139 AVAVG. sind und vom Arbeitsamt mit 2 RM. pro Arbeitstag finanziert werden. Dann ergäbe sich (2×6×20×35) eine Summe von 8400,— RM. Für den Träger des Dienstes bliebe also immer noch ein Betrag von 3810,— RM. aufzubringen. Dabei muß aber noch berücksichtigt werden, daß ein Sicherungszuschlag von 5 bis 10 Proz. der Gesamtkosten je nach den Verhältnissen und der Jahreszeit bereitzustellen ist, um die vorstehende, im engsten Rahmen gehaltene Kostenberechnung unter Umständen auszugleichen. Wäre es möglich, die 20 Teilnehmer am Lager (Studenten, stellungslose Akademiker, Abiturienten und nicht förderungsberechtigte Erwerbslose) durch eine Erweiterung der Förderungsvorschriften gleichfalls mit einem Satz von 2,— RM. zu finanzieren, so würde die Inanspruchnahme des Trägers des Dienstes sich nur noch auf die Bereitstellung eines Sicherungsbetrages zu beschränken brauchen. Dabei muß jedoch darauf aufmerksam gemacht werden, daß die Vergütung durch den Nutznießer der Arbeit ein sehr unsicherer Posten ist. Da in der Regel gemeinnützige Körperschaften in Frage kommen, sind ihre Mittel oft schon durch die Bereitstellung der Arbeitsgeräte, der Arbeitsaufsicht usw. erschöpft. Auch bei sparsamster Kalkulation wird deshalb ein Arbeitslager des freiwilligen Arbeitsdienstes nicht ohne die Gewährung von Sonderzuschüssen durchgeführt werden können.

In dem Augenblick, wo immer geringere Zuschüsse für kulturelle Zwecke gegeben werden könen, ist die Möglichkeit sehr zu begrüßen, im Wege des freiwilligen Arbeitsdienstes die Arbeitslagerbewegung zu sichern, weiter auszubreiten und die Teile der werktätigen Jugend einzubeziehen, die sonst aus Mangel an Mitteln nicht erfaßt werden können. Wenn auch die bisherige Regelung noch viele Wünsche offen läßt, so sind doch entwicklungsfähige Ansätze gegeben. Der Einsatz der Arbeitslagerbewegung muß dazu führen, daß Arbeitslager in der hier geschilderten Form der Volkslager und freiwilliger Arbeitsdienst immer mehr als Einheit gesehen werden können.

Anhang

Anlage 1

Die bisherigen Arbeitslager, deren Erfahrungen dieser Veröffentlichung zugrunde liegen

Zeit	Ort	Bezeichnung der Arbeitslager	Teilnehmer-Zahl
1925			
17.—29.4.	Colborn (Hannover)	Arbeitslager der Studentenschaft des „Altwandervogel"	50
1926			
8.—28.4.	Dassel im Solling	Arbeitslager der Jungmannschaft vom „Bund der Wandervögel und Pfadfinder"	144
1927			
4.—25.4.	Hermannsburg (Hannover)	Arbeitslager der „Deutschen Freischar"	83
5.—25.4.	Löwenberg (Schlesien)	Arbeitslager der Ostgaue der „Deutschen Freischar"	105
1928			
14.3.—1.4.	Löwenberg (Schlesien)	1. Arbeitslager für Arbeiter, Bauern und Studenten	100
2.—22.4.	Colborn (Hannover)	Arbeitslager der „Deutschen Freischar"	51
1929			
7.—27.3.	Löwenberg (Schlesien)	2. Arbeitslager für Arbeiter, Bauern und Studenten	83
30.3.—20.4.	Löwenberg (Schlesien)	Arbeitslager der „Deutschen Freischar"	85
1930			
1.—20.3.	Löwenberg (Schlesien)	3. Arbeitslager für Arbeiter, Bauern und Studenten	96 [1])
30.3.—19.4.	Frankfurt/Oder	Arbeitslager der „Deutschen Freischar"	41
27.9.-18.10.	Hankensbüttel (Hannover)	1. Norddeutsches Arbeitslager f. Arbeiter, Bauern und Studenten	91 [1])
1931			
4.—24.3.	Frankfurt/Oder	Arbeitslager der „Deutschen Freischar"	30
28.2.—20.3.	Rickling (Holstein)	2. Norddeutsches Arbeitslager f. Arbeiter, Bauern und Studenten	60 [1])
29.3.—19.4.	Marienau (Hannover)	3. Norddeutsches Arbeitslager f. Arbeiter, Bauern und Studenten	70
2.—30.8.	Egringen (Baden)	1. Badisches Arbeitslager für Arbeiter, Bauern und Studenten	62 [2])

[1]) In diesen Lagern bestand ein Viertel bis ein Drittel der Teilnehmer aus Mädchen und Frauen.

[2]) Außerdem arbeiteten ca. 20 Jungbauern aus dem Ort mit.

Zeit	Ort	Bezeichnung der Arbeitslager	Teilnehmer-Zahl
3.—27.9.	Egringen (Baden)	2. Badisches Arbeitslager für Arbeiter, Bauern und Studenten	52 ²)
10.—30.9.	Löwenberg (Schlesien)	Arbeitslager für Angestellte, Arbeiter und Studierende	56 ¹)
5.—25.10.	Löwenberg (Schlesien)	Arbeitslager des Jungdeutschen Ordens	30
19.9.-10.10.	Rickling (Holstein)	4. Norddeutsches Arbeitslager f. Arbeiter, Bauern und Studenten	120 ¹)
15.10.-5.11.	Habertshof bei Schlüchtern	1. Hessisches Arbeitslager	30
27.9.-17.10.	Brieselang bei Berlin	1. Märkisches Arbeitslager für Arbeiter und Studenten	76 ¹)
August bis Oktober	Münsingen (Württemberg)	Arbeitslager des Tübinger studentischen Heimatdienstes	1. Etappe 65 ³) 2. Etappe 65 3. Etappe 40
August bis November	Tempelhof,	Arbeitslager im Rahmen des	3× je 60 ³)
	Ellwangen, Rohrau	freiwilligen Arbeitsdienstes der	25 ³)
Dezemb. bis Febr. 1932	Solitude	Stuttgarter Studentenschaft	55 ³)
5.8.—5.9.	Jakobsdorf O/S.	Arbeitslager der Leipziger Studentenschaft in Oberschlesien	182 ⁴)

¹) In diesen Lagern bestand ein Viertel bis ein Drittel der Teilnehmer aus Mädchen und Frauen.

²) Außerdem arbeiteten ca. 20 Jungbauern aus dem Ort mit.

³) Diese Arbeitslager wurden unter den Bedingungen des freiwilligen Arbeitsdienstes auf die Initiative verschiedener Studentenschaften hin von Studenten und Arbeitern durchgeführt.

⁴) Dieses Arbeitslager war ausschließlich aus Studenten zusammengesetzt.

Anlage 2

Beispiel eines Werbeblattes

Zwei neue Norddeutsche Arbeitslager

für Arbeiter, Bauern und Studenten im Frühjahr 1932

Vom 29. März bis 19. April 1932: 5. Norddeutsches Arbeitslager im Landesjugendheim Cismar (Holstein). 90 Teilnehmer.

Vom 30. März bis 20. April 1932: 6. Norddeutsches Arbeitslager im Freideutschen Jugendlager Klappholttal a. Sylt. 60 Teilnehmer.

Zusammensetzung: An beiden Lagern nehmen Angehörige aller Berufe (Arbeiter, Studenten, Bauern, Angestellte, Handwerker u. a.) teil.

Tageslauf: Vormittags 4 Stunden körperliche Arbeit. Nachmittags 2 Stunden geistige Arbeit in Arbeitsgemeinschaften. Abends: Gesellige Veranstaltungen, Vorträge, Freizeit.

Was gibt das Arbeitslager den Teilnehmern? Allen neue Aufgaben, neue Einsichten, neue Ziele. Die Zusammenführung verschiedener Schichten, die gemeinsame Besinnung, die gegenseitige Erziehung sind wichtige Aufgaben, die das Lager an allen Teilnehmern zu leisten hat. Dem Arbeiter gibt das Lager darüber hinaus das Heilmittel gegen die Stempelstellenkrankheit der Arbeitslosen und setzt ihm seine Weiterbildung zur Aufgabe. Der Student empfängt gerade durch die Begegnung mit praktischen Aufgaben eine Sinngebung seines Studiums und durch das Zusammentreffen mit der Jugend anderer Volksschichten das Gefühl der Mitverantwortlichkeit und Zusammengehörens. Dem jungen Bauern gibt das Lager in Erweiterung seines Gesichtskreises das dringend notwendige Kennenlernen anderer Gruppen der Jugend.

Haben die Arbeitslager eine politische oder religiöse Absicht? Die Leitung der Arbeitslager ist religiös und parteipolitisch völlig neutral. Sie werden veranstaltet vom „Bund der Freunde und Förderer der Arbeitslager in Norddeutschland e. V." und stehen jedem offen, der guten Willens ist und den anderen Teilnehmern ebensoviel Freiheit zubilligt, wie er für sich in Anspruch nimmt.

Wer trägt die Kosten der Arbeitslager? Ein Teil der Kosten wird mit dem Erlös der körperlichen Arbeit bestritten, dazu kommen Zuschüsse des „Bundes" und der Behörden. Die nichterwerbslosen Teilnehmer zahlen einen Lagerbeitrag von mindestens RM. 10,—. Für Erwerbslose stehen in Zukunft öffentliche Mittel fast nur aus dem Fonds, der für den „freiwilligen Arbeitsdienst" bereitgestellt ist, zur Verfügung. Wenn die Form der Arbeitslager, welche die einmütige Zustimmung der Teilnehmer von 4 Lagern gefunden hat, erhalten werden soll, müssen die Mittel des freiwilligen Arbeitsdienstes zur Finanzierung künftiger Lager mit herangezogen werden. Gegen den freiwilligen Arbeitsdienst werden mancherlei Bedenken erhoben. Die vielfach bewährte Form der Arbeitslager bietet den sichersten Schutz gegen die Ausnutzung des freiwilligen Arbeitsdienstes in politischer oder wirtschaftlicher Hinsicht.

An wen sind (schriftlich) Anfragen über die Lager und Anmeldungen zu richten? An . . . .

Beispiel eines Merkblattes

Merkblatt

für die Teilnehmer am Arbeitslager für Arbeiter, Bauern und Studenten im Landesjugendheim in Cismar (Holstein)

Dauer des Lagers: Drei Wochen (vom 29. März bis zum 19. April 1932).

Zahl der Teilnehmer: Etwa 65 männliche und 25 weibliche.

Unterbringung und Verpflegung: Im Landesjugendheim Cismar.

Dauer der körperlichen Arbeit: Vier Stunden täglich.

Art der Arbeit: Anlage eines Sportplatzes, Entwässerungsarbeiten.

Teilnehmerbeitrag: Für Studenten und andere Nichterwerbslose je nach den wirtschaftlichen Verhältnissen, mindestens aber RM. 10,—. Nur in besonderen Fällen kann Ermäßigung des Beitrages und ein Zuschuß zum Fahrgeld gewährt werden.

Teilnahme der Erwerbslosen: Jeder, der sich beteiligen will, muß sich vor seiner Meldung bei seiner Stempelstelle erkundigt haben, ob er am 29. März noch die Voraussetzungen für die Förderung erfüllt. Ist dies der Fall, können sich arbeitslose Unterstützungsempfänger, Krisenunterstützungsempfänger und Jugendliche melden, die deshalb zurzeit keine Unterstützung erhalten, weil ihre Eltern für sie unterhaltsverpflichtet sind, die sich aber sonst Anspruch auf Geldunterstützung regelrecht erworben haben.

Lagerleitung: Die Lagervorbereitungsgruppen, zum Lagerrat ergänzt durch gewählte Vertreter der übrigen Teilnehmer. Die Lagerleitung ist politisch und religiös neutral.

Hauptthema der geistigen Arbeit: Arbeit und freie Zeit.

Notwendige Ausrüstung: Für seine Arbeitskleidung muß ein jeder selbst sorgen. Derbe Schuhe (auch die Teilnehmerinnen), Turnkleidung, Hausschuhe, Schuhputzzeug. (Bettwäsche kann vom Heim entliehen werden, 0,20 RM.)

Mitzunehmen (falls im Besitz): Musikinstrumente, Liederbücher und Noten, Sportgeräte, Bücher belehrenden und unterhaltenden Inhalts für die allgemeine Benutzung während des Lagers.

Bedingungen für die Teilnahme am Arbeitslager

1. Duldsamkeit ist oberstes Gesetz des Arbeitslagers. Der Austragung der Gegensätze dienen die gemeinsamen Aussprachen.
2. Den Anordnungen der Lagerleitung ist unbedingt Folge zu leisten. Eine besondere Haus- und Lagerordnung erhält jeder Teilnehmer zu Beginn des Lagers.
3. Die Teilnahme am Lager ist für die Gesamtdauer des Lagers verbindlich. (Selbstverständlich werden Arbeitslose aus dem Lager entlassen, wenn ihnen vom Arbeitsamt Arbeit vermittelt wird.)
4. Der Genuß von Alkohol und Tabak im Jugendheim ist laut Bestimmung des Jugendherbergsverbandes untersagt.
5. Für körperlichen und Sachschaden ist jeder selbst verantwortlich. Die Lagerleitung lehnt ausdrücklich jede Haftung ab. Zugelassene Teilnehmer erhalten eine Bestätigung ihrer Anmeldung. Anmeldungen bis zum 5. März absenden an . . . .

Anmeldung

Ich melde mich zu dem Arbeitslager für Arbeiter, Bauern und Studenten im Landesjugendheim Cismar vom 29. März bis zum 19. April verbindlich an.

Für Erwerbslose: Ich bestätige hierdurch ausdrücklich, daß ich auf Grund genauer Erkundigung bei der Stempelstelle festgestellt habe, daß ich am 30. März die Voraussetzungen für die Förderung aus Mitteln der Erwerbslosen- bzw. der Krisenunterstützung, bzw. aus Reichsmitteln für jugendliche Teilnehmer am freiwilligen Arbeitsdienst erfülle. (Unzutreffendes durchstreichen!)

Meine Stempelstelle ist: ....

Die Nummer meiner Stempelkarte: ....

Ich erkläre mich mit den Bedingungen für die Teilnahme einverstanden.

Vor- und Zuname: ....

Beruf: .... Alter: ....

Ort und Wohnung: ....

Organisation: ....

<u>Anlage 4</u>

Beispiel einer Lagerordnung

Haus- und Lagerordnung
des 4. Norddeutschen Arbeitslagers

Vor allem!

Pünktlichkeit,
Sauberkeit,
Hilfsbereitschaft,
Rücksichtnahme.

Jeder beachte: Gebäude und Einrichtungen sind auf das sorgfältigste zu schonen.

Im einzelnen:

1. Arbeitsstiefel dürfen nicht im Hause getragen werden. Sie sind in den dazu bestimmten Vorräumen abzustellen.
2. Schuhe sind draußen zu putzen.
3. Jeder hat sein Bett selbst in Ordnung zu bringen.
4. Fundsachen sind bei der Lagerleitung abzugeben.
5. Verletzungen sind bei .... zu melden.
6. Die Lagerbibliothek ist in der Mittagspause, in den freien Abendstunden und Sonntags zu benutzen (siehe besonderen Anschlag).
7. Der Genuß von Tabak und Alkohol ist in den Gebäuden des Lagers nicht gestattet.
8. Während der Mittagspause muß im Hause und in dessen Nähe Ruhe herrschen. Diese ist ebenfalls in der Nacht unbedingt einzuhalten.
9. Für körperlichen und Sachschaden ist jeder selbst verantwortlich. Die Lagerleitung lehnt ausdrücklich jede Haftung ab.

Postanschrift des Lagers: ....

Anlage 5

Beispiel eines Tageslaufes

Tageslauf

(16. März 1931, 2. Norddeutsches Arbeitslager)

6.45 Aufstehen.
6.50 Morgenlauf.
7.30 Morgenkaffee.
8.00 Beginn der Arbeit.
10.00 Frühstück.
10.15 Wiederbeginn der Arbeit.
12.15 Arbeitsschluß.
1.00 Mittagessen.
bis 3.45 Mittagsruhe.
3.45 Stehkaffee.
4.00 Beginn der Arbeitsgemeinschaften.
6.00 Schluß der Arbeitsgemeinschaften.
6.30 Abendessen.
7.30 Beginn der Abendveranstaltung.
10.00 Bettruhe.

Anlage 6

Beispiel von Lagerrichtlinien

Richtlinien für das Lagerleben

in den badischen Arbeitslagern

Jedes längere Zusammensein einer größeren Anzahl von Menschen zur Erreichung eines gemeinsamen Zweckes bedingt eine eigene Ordnung.

Das Lagerleben baut sich auf den Grundsätzen der Selbstverwaltung und der Gleichberechtigung auf.

Das Lager gliedert sich in:

A. die Lagerversammlung,
B. die Gruppen,
C. den Lagerrat,
D. die Lagerleitung.

A. Die Lagerversammlung:

1. In Mitverantwortlichkeit aller für Gestalt und Durchführung des Lagers schließen sich die Teilnehmer zur Lagerversammlung zusammen.
2. Jeder Lagerteilnehmer ist in gleicher Weise stimmberechtigt.
3. Die Lagerversammlung muß bei wichtigen Anlässen, mindestens aber einmal wöchentlich, von der Lagerleitung im Einvernehmen mit dem Lagerrat einberufen werden.
4. Diese Richtlinien sind als Grundlage des gesamten Lagerlebens unbedingt verpflichtend. Abänderungsanträge zu den Richtlinien können nur vom Lagerrat eingebracht werden. (Die Beschlußfassung über die

Einbringung bedarf einer Dreiviertelmehrheit innerhalb des Lagerrates.) Über den Antrag des Lagerrates entscheidet die Lagerversammlung mit einfacher Mehrheit.

5. In den ersten Tagen des Lagers beschließt die Lagerversammlung mit einfacher Mehrheit die Haus- und Arbeitsordnungen. Diese sind dann für alle Teilnehmer verbindlich.

6. Die Lagerversammlung beschließt über jeden Antrag auf Ausschluß eines Teilnehmers mit Zweidrittelmehrheit. Anträge auf Ausschluß können von der Lagerleitung dem Lagerrat oder dem Lagergericht gestellt werden.

B. Die Gruppen:

1. Die gesamte Teilnehmerschaft des Lagers wird durch die Lagerleitung in Arbeitsgruppen aufgeteilt, die aus Arbeitern, Bauern und Studenten zusammengesetzt werden.

2. Jede Gruppe wählt in angemessener Frist nach Beginn des Lagers durch Mehrheitsbeschluß einen Obmann. Dieser ist ihr Vertrauensmann und für Leben und Ordnung in der Gruppe verantwortlich.

3. Den Anordnungen des Obmannes, die sich im Rahmen der Haus- und Arbeitsordnungen halten müssen, ist unbedingt Folge zu leisten.

C. Der Lagerrat:

1. Der Lagerrat setzt sich zusammen aus der Lagerleitung und allen Obleuten der Gruppen und Arbeitsgemeinschaften.

2. Der Lagerrat tritt täglich zusammen zur Aussprache über das Lagerleben, die Festsetzung des Tagesplans und zur Erledigung der ihm sonst übertragenen Aufgaben.

D. Die Lagerleitung:

1. Die Lagerleitung hat die verantwortliche Führung des Lagers und seine Vertretung nach außen.

2. Die Lagerleitung ist für jedes Lager eingesetzt, sie kann jedoch, wenn es das Lagerleben erfordert, erweitert werden.

3. Die Lagerleitung arbeitet im Rahmen dieser Richtlinien und der beschlossenen Haus- und Arbeitsordnungen.

4. Die Lagerleitung ist verpflichtet, am Ende des Lagers der Lagerversammlung Bericht zu erstatten und Rechnung zu legen.

5. Alle Streitigkeiten und Beschwerden sind vor die Lagerleitung zu bringen. Diese versucht, die Streitigkeiten in Güte beizulegen. Gelingt dies nicht, übergibt die Lagerleitung den Streitfall zur endgültigen Entscheidung dem Lagerrat oder bei Streitigkeiten persönlicher Art dem Lagergericht. Das Lagergericht besteht aus einem Mitglied der Lagerleitung als Vorsitzenden und je einem von den Arbeitern, Angestellten, Bauern und Studenten gewählten Beisitzer.

Beispiel einer Lagerordnung

Lagerordnung

(Arbeitslager Solitude b. Stuttgart)

I. Zusammensetzung des Arbeitslagers

Das Arbeitslager Solitude setzt sich aus den Teilnehmern des Freiwilligen Studentischen Arbeitsdienstes e. V. und des Freiwilligen Arbeitsdienstes der Technischen Nothilfe e. V., Landesbezirk Baden-Württemberg, zusammen.

II. Zweck des Arbeitslagers

Die beiden genannten Vereine gründeten das Arbeitslager Solitude, um im Sinne ihrer Satzungen im Rahmen des Freiwilligen Arbeitsdienstes die mit der Württembergischen Forstdirektion vertraglich vereinbarten Wegbauarbeiten auszuführen. Die technische Leitung der Bauarbeiten liegt in den Händen der Württembergischen Forstdirektion.

III. Grundsätzliches

Das Lager bildet eine Einheit. Für jeden Teilnehmer steht nicht sein persönliches Interesse, sondern das des Lagers an erster Stelle. Es wird von allen Kameraden erwartet, daß sie die Belange der Allgemeinheit ihren eigenen überordnen, da nur so ein harmonisches Zusammenleben innerhalb des Lagers möglich ist. Aus diesem Grunde ist jede einseitige politische und weltanschauliche Betätigung innerhalb des Lagerlebens unstatthaft.

Die allgemeine Anrede im Lager ist das kameradschaftliche „Du".

IV. Die Führung des Arbeitslagers

Die Führung des Lagers liegt in den Händen der Lagerleitung und der von ihr ernannten Amtsträger.

1. Die Lagerleitung

Der verantwortliche Träger des Lagers ist der Lagerleiter bzw. sein Stellvertreter. Er hat bei allen Anordnungen Einspruchsrecht und entscheidet endgültig. Ihm zur Seite stehen zu seiner Unterstützung 2 Mitarbeiter, die von ihm ernannt werden und mit ihm die Lagerleitung bilden.

2. Die Amtsträger

Für das Arbeitslager werden für folgende Aemter Amtsträger von der Leitung bestimmt:

a) die Bauführer,
b) der Hausdienstleiter,
c) der Freizeitgestalter,
d) der Zeugmeister,
e) der Rechner,
f) die Stubenältesten.

Weitere Aemter werden nach Bedarf besetzt.

a) Der Bauführer

Jede Arbeitsstätte hat einen Bauführer. Diese sind in erster Linie für das ordnungsmäßige Verhalten der Lagerteilnehmer auf den Baustellen verantwortlich. Sie führen die Arbeitsbücher, geben das Zeichen zum Antreten und Abmarsch zur Arbeit und zum Arbeitsschluß. Sie stellen fest, ob die Belegschaft vollzählig ist und melden dem Lagerleiter die Namen der Fehlenden. Die Arbeitsstelle darf nur im Einverständnis des zuständigen Bauführers verlassen werden. Zur Unterstützung der Bauführer sind ihnen weitere Lagerteilnehmer beigegeben, die für die Durchführung der Anordnungen des Bauführers und der von der Forstdirektion eingeſ ʒten Vorarbeiter zu sorgen haben, außer den hier aufgeführten Amtsträgern hat niemand das Recht, bei der Arbeit Anordnungen zu treffen.

b) Der Hausdienstleiter.

Dem Hausdienstleiter untersteht der gesamte Küchen- und Hausdienst. Er bestimmt die für die Durchführung seiner Aufgaben notwendige Anzahl von Helfern aus den Reihen der Lagerteilnehmer. Die Heranziehung der Lagerteilnehmer zum Hausdienst erfolgt zum Teil abwechselnd in bestimmter Reihenfolge. Wünsche und Beschwerden bzw. der Küche sind auf der Lagerleitung vorzutragen.

Die vom Hausdienstleiter zum Hausdienst herangezogenen Lagerteilnehmer haben die tägliche Haus- und Stubenreinigung vorzunehmen.

c) Der Freizeitgestalter

Die Arbeitszeit ist bewußt auf nur 6 Stunden festgelegt, damit für Sport und Veranstaltungen geistiger und geselliger Art genügend Zeit verbleibt. Die Gestaltung der Freizeit soll von allen Teilnehmern ausgehen. Der Freizeitgestalter hat die Aufgabe, die anfallenden Veranstaltungen richtig zu verteilen und die notwendigen Verhandlungen nach außen zu führen. Etwa dreimal in der Woche wird ein für sämtliche Teilnehmer verpflichtender Abend angesetzt, der rechtzeitig angegeben wird.

d) Der Rechner

Der Rechner ist für die Führung der Haushaltungskasse des Lagers verantwortlich. Er nimmt die wöchentliche Auszahlung des Taschengeldes vor.

e) Der Zeugmeister

Das Arbeitslager stellt jedem Teilnehmer einen Arbeitsanzug, ein Paar Handschuhe, eine Mütze und ein Paar Schuhe zur Verfügung. Der Benützer ist für die Instandhaltung verantwortlich. Jede Woche ist Appell, an dem jeder teilzunehmen hat. Der Zeugmeister hat das Magazin in Ordnung zu halten und über die Bestände genau Buch zu führen.

f) Die Stubenältesten

Für jede Schlafstube ernennt die Lagerleitung einen Stubenältesten, der für Ruhe und Ordnung in seiner Stube verantwortlich ist.

3. Der Lagerrat

Zur Besprechung wichtiger Angelegenheiten teitt der Lagerrat zusammen. Er besteht aus der Lagerleitung, dem Freizeitgestalter, den Bauführern, dem Zeugmeister, dem Hausdienstleiter, dem Rechner und den Stubenältesten.

Die Einberufung kann durch jeden Lagerteilnehmer beantragt werden und durch jedes Mitglied der Lagerleitung erfolgen. Im Ausnahmefall können bei besonderen Fragen noch weitere Teilnehmer zugezogen werden.

4. Der Aussprachеabend

Nach Bedarf wird von der Lagerleitung ein allgemeiner Ausspracheabend für sämtliche Lagerteilnehmer angesetzt. Dort soll sich jeder Lagerteilnehmer über sämtliche Fragen aussprechen.

V. Besondere Bestimmungen

1. Strafen

Geld- oder sonstige Strafen werden nicht eingeführt. Die Lagerleitung hat das Recht, bei Verstößen gegen die Lagerordnung einen Verweis zu erteilen. Nach dreimaligem Verweis erfolgt Ausschluß aus dem Arbeitslager. Bei groben Verstößen ist sofortiger Ausschluß möglich.

2. Anfragen und Beschwerden

Wünsche und Anregungen irgendwelcher Art werden grundsätzlich begrüßt. Am besten werden sie den betr. Amtsträgern vorgetragen. Ebenso ist mit Beschwerden zu verfahren.

3. Haus- und Stubenordnung

Das Rauchen in den Schlafsälen ist verboten, ebenso das Unterhalten offenen Feuers. Jeder Teilnehmer bringt täglich nach dem Aufstehen seinen Bettplatz in Ordnung. Die Schlafstuben dürfen nicht mit Arbeitsstiefeln betreten werden. Diese sind beim Betreten des Hauses auszuziehen und auf dem Regal unterzubringen. Der Reinigungsplatz für Kleider und Schuhe ist der Hof und nicht die Schlafstube.

4. Die gemeinsame Mahlzeit

Beginn und Schluß der Mahlzeit ist gemeinsam und wird durch „Mahlzeit" bestimmt. 5 Minuten vor Essensbeginn ertönen 2 Gongschläge, ein weiterer eine Minute zuvor. Die Essenszeiten gehen aus besonderem Anschlag hervor und müssen punktlich eingehalten werden. Abweichungen hiervon sind im Ausnahmefalle möglich.

Anläßlich einer gemeinsamen Veranstaltung außerhalb des Lagers werden die der eigenen Küche damit ersparten Mahlzeiten dem einzelnen Teilnehmer vergütet. Der Verpflegungssatz für einen Tag beträgt pro Mann 1,20 RM. (Frühstück 30 Pf., Mittagessen 50 Pf., Abendessen 40 Pf.) Die Auszahlung erfolgt zusammen mit der nächsten Taschengeldauszahlung. Bei Beurlaubung ist aus wirtschaftlichen Gründen erwünscht, sich rechtzeitig beim Küchendienstleiter abzumelden. Im Verkehr mit der Küchenleiterin und ihren Helferinnen haben sich die Lagerteilnehmer größter Zuvorkommenheit zu befleißigen.

5. Beurlaubung

Will sich ein Lagerteilnehmer für eine bestimmte Zeit aus dem Lager entfernen, so hat er vorher bei der Lagerleitung um Urlaub nachzusuchen.

6. Taschengeld

Das Taschengeld beträgt 0,50 RM. pro Arbeitstag und wird auch für Tage ausbezahlt, an denen durch höhere Gewalt nicht gearbeitet werden kann. Bei Krankheit ist dies nicht möglich.

7. Besuch

Schloß Solitude ist ein vielbesuchter Ausflugsort von kulturhistorischer Bedeutung. Es ist darauf zu achten, daß sich der Schloßhof und die Räume des Arbeitslagers immer in einwandfreiem Zustand befinden. Der Verkehr mit Fremden während der Arbeitszeit ist untersagt. Unbekannten gegenüber muß hinsichtlich Auskunft größte Zurückhaltung gewahrt werden. Eine Führung durch das Lager ist nur mit Genehmigung der Lagerleitung gestattet.

8. Allgemeines

Die für das Arbeitslager maßgebende Zeit zeigt die Uhr im Speisesaal.

Die im Schreib- und Lesezimmer aufliegenden Zeitungen und Zeitschriften dürfen nicht von dort entfernt werden.

Sämtliche Anschläge am Schwarzen Brett müssen der Lagerleitung zur Genehmigung vorgelegt werden. Jede Bekanntgabe dieser Art kann als allen Teilnehmern bekannt vorausgesetzt werden.

Jeder Teilnehmer trägt für ordnungsgemäße Aufbewahrung und Sicherung seines Eigentums selbst die Verantwortung.

Abfälle, Papier usw. sind nicht wegzuwerfen, sondern an den hierfür bestimmten Ort abzulegen.

Die Zeit der Bettruhe muß unbedingt eingehalten werden. Sollten Ausnahmen notwendig sein, so bedürfen sie der Genehmigung der Lagerleitung.

Anlage 8

Entwurf eines Logbuchs

(Titelblatt)

Logbuch

des Arbeitslagers ....
in: ....
vom ..... bis ..... 19..

Inhalt

(Rückseite Titelblatt)

Vorbemerkung: Außer auf die Führung des Logbuches soll die Lagerleitung darauf bedacht sein, daß fortlaufend für jeden Tag des Lagers ein tagebuchähnlicher Bericht geschrieben und gesammelt wird, der die zweckhafte Nüchternheit des Logbuches ergänzt. Damit ein zuverlässiges Bild entsteht, ist es gut, den Berichterstatter täglich zu wechseln und bei wichtigen Ereignissen mehrere Berichte schreiben zu lassen.

(auf Seite 1)

Zur Beachtung!

Das Lagerwerk soll darstellen ein sinnvolles und geordnetes Zusammenleben junger Mannschaft; eine ordentliche Verwaltung ist ein notwendiger Bestandteil davon.

Das Lagerwerk will sein eine lebendige Bewegung der jungen Generation, gestützt auf das Geschaffene und ständig an der weiteren Entwicklung arbeitend. Damit die Kette geschlossen wird, darf die Erfahrung keines Lagers fehlen.

Das Lagerwerk wird durchgeführt mit Beihilfen der öffentlichen Hand. Die Oeffentlichkeit hat einen begründeten Anspruch auf Rechenschaftslegung.

Deshalb gehört die Führung von Logbuch und Tagebuch zu den wichtigsten Aufgaben der Lagerleitung. Nur durch ihre Erfüllung ordnet sich die einzelne Veranstaltung ein in die größere Bewegung.

(von Seite 2 ab der Vorbereitungsbericht mit entsprechenden Zwischenräumen zwischen den einzelnen Punkten, zusammen etwa 6–8 Seiten)

Vorbereitungsbericht

1. Vorbereitungsgruppe
   Anschriften:
   Woher Auftrag oder Anregung?:
   Wohin Verbindungen?:
   Wann Beginn der Vorbereitung?:
2. Teilnehmerwerbung.
   Wieviel persönlich geworben?:
   Wieviel durch Verbände?:
   Eingetretene Schwierigkeiten?:
3. Arbeitsbeschaffung.
   Wer ist Arbeitgeber?:
   Worin besteht die Arbeit?:
   Wer stellt Arbeitsgeräte?:
   Art und Höhe der Entlohnung?:
   Eingetretene Schwierigkeiten?:

4. **Vorträge und Aussprachen.**
Ist die Werbung auf ein einheitliches Thema erfolgt?:
Wodurch ist das Thema bestimmt worden?:
Welche Referenten sind zur Teilnahme eingeladen worden und mit welchen Themenvorschlägen?:

5. **Musische Uebungen:**
Wer ist verantwortlich beauftragt?:
Welche Veranstaltungen sind vorgesehen?:
Wieweit sind sie vorbereitet?:

6. **Finanzen.**
Wohin sind Anträge auf Beihilfen gestellt worden und in welcher Höhe?:
Was hat die Vorbereitung gekostet?:

Anmerkung: Der Vorbereitungsbericht ist nach Möglichkeit bereits am Beginn des Lagers auszufüllen.

(Schema eines **Tagesberichtes**, wie er einheitlich für jeden einzelnen Lagertag zu erstatten ist. Im Logbuch 25—35 mal abgedruckt oder als Einzelvordruck mit den anderen Teilen zusammen je nach der Zahl der Lagertage zu einem Buch nach Schluß zusammengeheftet)

Tagesbericht

Datum:

Wecken: . . . . h . . . m
Schlafzeit: . . . h . . . m

Mahlzeiten:
1. . . . .
2. . . . .
3. . . . .
4. . . . .
5. . . . .

Mittagsruhe: von . . . bis . . .
Licht aus! Um . . . .

Musik und Spiele: . . . .

Abendveranstaltung:

Lagerbesuch:

Wetter:

Gesundheitszustand:

Werkarbeit: Dauer und Art
Gruppe 1: . . . .
" 2: . . . .
" 3: . . . .
" 4: . . . .
. . . .
. . . .

Gesamtzahl der Arbeitsstunden:
Tagesverdienst:

Vorträge:
Referenten: . . . .
. . . .
Themen: . . . .
. . . .

Rundgespräche:
Gesamtbelegschaft: . . . .
. . . .
Arbeitsgemeinschaften: 1. . . . .
2. . . . .
3. . . . .
4. . . . .
. . . .
. . . .

Bemerkungen:

Unterschrift: . . . .

(Auf die Tagesprotokolle folgt ein zusammenfassender **Schlußbericht**, der besonders die Aufgabe hat, Leiter und Unterführer zu nennen, die Weiterarbeit festzulegen und Abrechnung zu geben. Umfang: 6 S.)

Schlußbericht.

Teilnehmer: . . . .
darunter ständige: . . . .
darunter Gäste: . . . .

Altersgliederung:
Geschlecht:
Beruf:
Stammesangehörigkeit:

Leitung:
Gesamtverantwortung:
Leiter der Werkarbeit:
Gruppenführer:
Leiter der geistigen Arbeit:
Arbeitsgemeinschaftsleiter:
Bestand Selbstverwaltung des Lagers?:
Wann eingerichtet?:
Welche Aufgaben?:
Vertrauensleute der Gruppen?:

Arbeitsbericht:
Umfang der ausgeführten Arbeit:
Bei der Durchführung entstandene Schwierigkeiten:
Erkrankungen oder Unfälle:

Weiterführung:
Ist ein weiteres Lager geplant?:
Wer faßte den Beschluß?:
Wer ist für die Vorbereitung des nächsten Lagers verantwortlich?:

Wer von den Teilnehmern photographierte?:
Wer von den Teilnehmern malte?:
Wo sind Berichte über das Lager veröffentlicht worden?:

Abrechnung:

Einnahmen:	Bewilligte öffentliche Zuschüsse	. . . .	(Einzelangaben)
	Teilnehmerbeiträge	. . . .	(pro Kopf . . . . . .)
	Arbeitsverdienst	. . . .	(Stundenlohn . . . .)
	Sonstige Einnahmen	. . . .	
		. . . .	
	Sa.	. . . .	

Ausgaben:	Kosten der Vorbereitung: (im einz.: für Werbung für Arbeitsbeschaffung für Arbeitsgeräte)	. . . .	
	Unterkunft und Verpflegung	. . . .	(Tagessatz)
	Allgemeine Verwaltung	. . . .	(während des Lagers)
	Unkosten für Referenten	. . . .	
	Unkosten für festliche Veranstaltungen	. . . .	
	Fahrgeld-Zuschüsse an Teilnehmer	. . . .	
	Sonstige Ausgaben	. . . .	
		. . . .	
	Sa.	. . . .	
	Saldo:	. . . .	

Unterschrift des Leiters
. . . . . .

Unterschrift des Kassenführers
. . . . . .

(Anschließend 2 Seiten frei mit folgender Überschrift:)

Namen und Anschriften von Persönlichkeiten, die bei der Werbung oder als Besucher des Lagers für die Idee der Werklager gewonnen werden konnten, und deren Mitarbeit für die Zukunft wichtig erscheint.

(Auf der letzten Seite:)

Bemerkung: Dieses Logbuch ist nach Abwicklung aller Lagergeschäfte vollständig ausgefüllt und unterschrieben einzusenden zur Aufbewahrung und Ermöglichung des Erfahrungsaustausches an: Dr. H. Sikorski, Dresden-A. 24, Kaitzer Str. 2.

Anlage 9

Beispiele der Satzungen eines Trägerkreises

Satzungen

des „Bundes der Freunde und Förderer der Arbeitslager für Arbeiter, Bauern und Studenten in Norddeutschland e. V."

1. Name des Vereins.
Der Name des Vereins lautet: „Bund der Freunde und Förderer der Arbeitslager für Arbeiter, Bauern und Studenten in Norddeutschland."
2. Zweck des Vereins.
Der Zweck des Vereins ist die Förderung volkspädagogischer Bestrebungen, insbesondere die Veranstaltung von Arbeitslagern für Arbeiter, Bauern und Studenten.
3. Sitz des Vereins.
Der Verein hat seinen Sitz in Kiel.
4. Eintragung in das Vereinsregister.
Der Verein ist in das Vereinsregister beim Amtsgericht Kiel eingetragen.
5. Mitglieder.
Der Verein setzt sich zusammen aus:
a) aktiven Mitgliedern, die nur freiwillige Beiträge entrichten und die Zwecke des Bundes durch tätige Mithilfe erfüllen helfen;
b) fördernden Mitgliedern, die die Arbeit des Bundes nur finanziell unterstützen durch einen jährlichen Mindestbeitrag von 10,— RM.
Der Eintritt erfolgt durch schriftliche Erklärung des Beitritts und bedarf der Zustimmung des Vorstandes.
Der Austritt kann nur zum Schluß des Kalenderjahres durch schriftliche Erklärung erfolgen.
6. Mitgliederversammlung.
In der Regel findet einmal im Jahre eine Versammlung der aktiven Mitglieder statt. Sie wird vom Vorstand einberufen, nimmt den Bericht des Vorstandes entgegen und erteilt ihm Entlastung. Der Antrag auf Einberufung einer außerplanmäßigen Mitgliederversammlung muß mindestens von zwei Dritteln der Mitglieder unterzeichnet sein. Die Beschlüsse aller Mitgliederversammlungen sind zu protokollieren und allen Mitgliedern zur Kenntnis zu bringen.
7. Vorstand.
Der Vorstand besteht aus drei Mitgliedern, die von den Mitgliedern bestellt werden und die Geschäfte des Bundes führen. Der Vorstand erstattet den Mitgliedern mindestens einmal im Jahre Bericht über seine Tätigkeit.
8. Auflösung und Satzungsänderung.
Eine Satzungsänderung oder die Auflösung des Vereins kann nur durch den Beschluß einer Zweidrittelmehrheit der aktiven Mitglieder erfolgen.
9. Verbleib des Vereinsvermögens im Fall der Auflösung.
Im Fall einer Auflösung des Vereins kommt das Vereinsvermögen dem Deutschen Jugendherbergsverbande zugute.

Anlage 10

Beispiel einer Satzung eines Trägerkreises

a) Statuten

des Tübinger Bundes für Freiwilligen Arbeitsdienst[1]).

Artikel 1.

Sitz und Aufgabe des TBA.

§ 1. An der Universität Tübingen wird eine Organisation des studentenschaftlichen Dienstes für Arbeitslager von Arbeitern, Bauern und Studenten und der Akademischen Selbsthilfe geschaffen. Der Name der Organisation lautet: Tübinger Bund für Freiwilligen Arbeitsdienst.

§ 2. Aufgabe des TBA. ist es, Vorbereitung, Einrichtung und Durchführung von Arbeitslagern zu ermöglichen. Die Belegschaft der Arbeitslager soll grundsätzlich bestehen aus: Studenten bzw. beschäftigungslosen Mittelschul- und Hochschulabsolventen und aus Arbeitern, Angestellten, Bauern (Arbeitslosen). Parteipolitische Betätigung wird nicht ausgeübt.

§ 3. Aufgabe des TBA. ist weiter die Sorge für stellungslose Jungakademiker durch die Akademische Selbsthilfe. Ebenso ist der TBA. bemüht, Lagerteilnehmern, die sich im Lager bewährt haben und die wieder arbeitslos geworden sind, in ihrem Fortkommen zu helfen.

Artikel 2.

Aufbau des TBA.

§ 1. Der TBA. besteht aus dem Kreis der Freunde, dem Verwaltungsrat (e. V.) und seinen Ausschüssen, dem Vorstand und der Selbstverwaltung des Lagerdienstes.

§ 2. Der Lagerdienst besteht aus dem Leiter des Lagerdienstes im TBA., aus Lagerkameradschaften und Lagerführern des TBA. Er hat den anderen Organen des TBA. gegenüber das Recht der Selbstverwaltung im Rahmen der durch die Organe des TBA. aufgestellten Richtlinien und der Statuten des TBA.

Artikel 3.

Der Kreis der Freunde.

§ 1. Die Zugehörigkeit zum Kreis der Freunde wird durch eine dem Vorstand des TBA. gegenüber abgegebene Erklärung erworben. Sie wird aufgegeben durch schriftliche Erklärung.

§ 2. Ein Mitgliederbeitrag wird nicht erhoben. Der TBA. erwartet von den Mitgliedern ideelle und materielle Förderung seiner Aufgaben.

§ 3. Alljährlich wird im Kreise der Freunde Bericht erstattet und der Arbeitsplan des kommenden Jahres erörtert. Es soll zu diesem Zweck eine Versammlung der Freunde nach Tübingen einberufen werden.

Artikel 4.

Der Verwaltungsrat e. V.

§ 1. Mitglieder des Verwaltungsrats sind:

1. Die Tübinger Jubiläumsstiftung.
2. Das Tübinger Studentenwerk e. V.
3. Die Vereinigung der Tübinger Altherrenverbände.
4. Der Freiwillige Studentische Arbeitsdienst in Stuttgart e. V.
5. Der Vermögensbeirat der Studentenschaft Tübingen.
6. Der Allgemeine Studentenausschuß an der Universität Tübingen.
7. Der Vertrauensdozent der Studienstiftung des Deutschen Volkes.

[1]) Die vorstehenden Statuten des TBA. sind ein Entwurf, der bei der endgültigen Beschlußfassung noch Aenderungen erfahren kann.

8. Der Universitätsrat.
9. Der Berufsberater an der Universität.
10. Die Altlagerführer.
11. Sieben Vertreter des Kreises der Freunde.
12. Sieben Mitglieder des Lehrkörpers an der Universität.
13. Drei nichtstudentische Vertrauensmänner der Lagerkameradschaft.
14. Die von dem Verwaltungsrat außerdem zugewählten Mitglieder.
15. Eine noch zu bestimmende Zahl von Vertretern der akademischen Berufsverbände.

Die Vertreter des Kreises der Freunde und die Mitglieder des Lehrkörpers werden vom Verwaltungsrat auf drei Jahre gewählt, ebenso die vom Verwaltungsrat zugewählten Mitglieder. Die nichtstudentischen Vertrauensmänner der Lagerkameradschaft werden von den Altlagerführern nach Maßgabe der Lagerordnung auf drei Jahre gewählt. Die Mitgliedschaft der Altlagerführer erlischt nach fünf Jahren.

§ 2. Der Verwaltungsrat erhält die Rechtsform eines e. V., dessen Satzungen (Anlage 1) einen Bestandteil der Statuten des TBA. bilden.

§ 3. Der Verwaltungsrat hat folgende Aufgaben:
1. Beschaffung, Entgegennahme und Verwaltung der erforderlichen Mittel, die für Lagerdienst und Akademische Selbsthilfe getrennt zu behandeln sind;
2. Beschlußfassung über den Jahresplan;
3. Aufstellung von Richtlinien für Vorstand, Lagerdienst und Akad. Selbsthilfe;
4. Abänderung und Erweiterung seiner Satzungen und der Statuten des TBA.

§ 4. Der Verwaltungsrat wird von seinem Vorsitzenden nach Bedarf, jedoch mindestens zweimal im Jahr, sowie auf Antrag von sieben Mitgliedern einberufen. Er entscheidet mit Stimmenmehrheit. Für die Zuwahl weiterer Mitglieder und für Satzungs- und Statutenänderung ist Zweidrittelmehrheit der erschienenen Mitglieder erforderlich.

§ 5. Entscheidungen des Verwaltungsrats von grundsätzlicher Bedeutung in Fragen der Arbeitslager können nicht gegen die drei vereinigten Stimmen der Astavertreter getroffen werden. Fragen grundsätzlicher Art sind insbesondere
1. die Beschlußfassung über die Verwendung der von der Tübinger Studentenschaft aufgebrachten Mittel,
2. Aufstellung der Lager- und Disziplinarordnung.

§ 6. Der Vorsitzende wird vom Verwaltungsrat auf drei Jahre, sein Stellvertreter auf zwei Jahre gewählt,

§ 7. Der Vorsitzende des Verwaltungsrats ist sein Vorstand im Sinne des § 26 BGB.

Artikel 5.

Ausschüsse beim Verwaltungsrat e. V.

§ 1. Beim Verwaltungsrat werden zunächst folgende Ausschüsse gebildet:
1. Für Werbung und Vermögensverwaltung des Lagerdienstes der Vermögensausschuß.
2. Für die Lager und den Lagerdienst der Lagerausschuß.
3. Für die Akademische Selbsthilfe der Selbsthilfe-Ausschuß.

Die Ausschüsse bestehen aus dem Vorsitzenden und stellvertretenden Vorsitzenden des Verwaltungsrats, aus dem Vorstand des TBA., soweit nicht seine Mitglieder schon im Ausschuß vertreten sind und 5 bis 7 von dem Verwaltungsrat zu bestimmenden Personen.

Die Ausschüsse leitet der 1. Vorsitzende. Die Ausschüsse entscheiden mit Stimmenmehrheit. Bei Stimmengleichheit entscheidet die Stimme des Vorsitzenden des Ausschusses. Die Ausschüsse sind beschlußfähig, wenn mindestens 5 Mitglieder anwesend sind.

§ 3. In jedem Ausschuß beim Verwaltungsrat sind mindestens ein Vertreter des Tübinger Asta und ein Altlagerführer zu beteiligen. (Vgl. aber Art. 8, § 4.)

§ 4. Der Vermögensausschuß verteilt die vom Verwaltungsrat für die Lager genehmigten Mittel. Die Verfügung darüber steht dem Vorsitzenden des Verwaltungsrats zu.

§ 5. Der Lagerausschuß ernennt aus den Reihen der ehemaligen Lagerkameraden den geschäftsführenden Leiter des Lagerdienstes im TBA. Dazu ist nach Möglichkeit das Einverständnis der Altlagerführer herbeizuführen (Artikel 7 § 2).

§ 6. Der Selbsthilfeausschuß hat neben seinen besonderen Aufgaben (Art. 8) über die Verteilung der Mittel für die Akademische Selbsthilfe zu beraten und zu beschließen. (Art. 4, § 3, Ziff. 1.)

Artikel 6.

Der Vorstand des TBA.

§ 1. Der Vorstand des TBA. besteht aus:

1. Dem ersten Vorsitzenden.
2. Dem zweiten Vorsitzenden.
3. Dem geschäftsführenden Leiter des Lagerdienstes im TBA.
4. Dem geschäftsführenden Leiter der Akademischen Selbsthilfe im TBA.
5. Dem Leiter des Asta-Amtes für Studentischen Arbeitsdienst.
6. Dem studentischen Geschäftsführer des Studentenwerks.

Der erste Vorsitzende ist personengleich mit dem Vorsitzenden des Verwaltungsrats. Der zweite Vorsitzende wird vom Verwaltungsrat auf die Dauer eines Jahres aus seiner Mitte gewählt; er soll nicht personengleich sein mit dem stellvertretenden Vorsitzenden des Verwaltungsrats.

§ 2. Der Vorstand hat folgende Aufgaben:

1. Ausführung der Beschlüsse des Verwaltungsrats, soweit nicht die Ausschüsse damit betraut sind.
2. Die Besorgung der laufenden Geschäfte.
3. Vertretung des TBA. nach außen.

§ 3. Der Vorstand entscheidet mit Stimmenmehrheit. Er ist beschlußfähig, wenn mindestens 4 Mitglieder anwesend sind. Der erste Vorsitzende beruft den Vorstand ein. Auf Antrag von 3 Mitgliedern muß der Vorstand einberufen werden. Ergibt sich Stimmengleichheit, so wird die Stimme des geschäftsführenden Leiters des Lagerdienstes in Angelegenheiten der Akademischen Selbsthilfe und umgekehrt nicht gezählt.

§ 4. Die Geschäftsführung innerhalb des Vorstandes haben die Leiter (§ 1 Ziff. 3 und 4) für ihre Arbeitsgebiete.

Artikel 7.

Der Lagerdienst.

§ 1. Träger des Lagerdienstes sind die Kameradschaften im Lager und die Altlagerkameraden.

§ 2. Oberstes Organ im Selbstverwaltungskörper des Lagerdienstes ist sein geschäftsführender Leiter.

Er wird von dem Lagerausschuß beim Verwaltungsrat des TBA. aus dem Kreis der Altlagerkameraden auf die Dauer eines Jahres ernannt. Es ist dazu möglichst das Einverständnis der Altlagerführer herbeizuführen. Seine vorzeitige Abberufung ist nur durch einen Spruch des Verwaltungsrates möglich.

§ 3. Der Leiter übt sein Amt innerhalb des Lagerdienstes gemäß den Richtlinien des Verwaltungsrats und der Lagerordnung selbständig aus. Er ist dem Lagerausschuß beim Verwaltungsrat verantwortlich.

Der Leiter hat vor allem die Vorbereitung für die geplanten Lager zu treffen, die Lagerführer zu ernennen und die Teilnehmer für die Lager auszuwählen.

§ 4. In seiner Eigenschaft als Geschäftsführer im Vorstand ist der Leiter an die Weisungen des Vorsitzenden gebunden (Artikel 6 § 4).

§ 5. Dem Leiter steht ein Arbeitskreis beratend zur Seite. Seine Mitglieder werden durch den Leiter in beliebiger Zahl aus dem Kreis der Altlagerkameraden erwählt. Der Arbeitskreis soll grundsätzlich bestehen aus Arbeitern und Studenten.

Der Arbeitskreis stellt die Mitarbeiter des geschäftsführenden Leiters. Er soll in der Zeit zwischen den Arbeitslagern Tradition und Aufgabe des Lagers fortsetzen, das Gerüst für das Zusammenhalten der Altlagerkameradschaften bilden und für neue Lager werben.

§ 6. Die Altlagerführer sollen vor allen anderen die Tradition des TBA. und seiner Lager tragen. In dieser Eigenschaft vertreten sie die Selbstverwaltung des Lagerdienstes im Verwaltungsrat und in dessen Ausschüssen im TBA. und sind beteiligt bei der Ernennung des Leiters (Artikel 4 § 1 Ziffer 8, Artikel 5 § 3 und § 5).

In außerordentlichen Fällen ist der geschäftsführende Leiter befugt, statt des Lagerführers einen anderen Lagerkameraden, der sich im Lager bewährt hat, in den Kreis der Altlagerführer aufzunehmen.

§ 7. Der Lagerführer ist der Chef des Lagers. Ihm obliegt die Durchführung im einzelnen. Er entscheidet über Aufnahme und Ausschluß von Lagerteilnehmern, soweit die Aufnahme nicht durch den geschäftsführenden Leiter erfolgt. Die Lagerkameradschaft untersteht der Disziplinargewalt des Lagerführers nach Maßgabe der Lagerordnung.

Der Lagerführer und sein Stellvertreter wird von dem geschäftsführenden Leiter ernannt und abberufen. Die Abberufung während der Dauer einer Lagerzeit kann nur durch den Lagerausschuß erfolgen.

Der Lagerführer ist dem geschäftsführenden Leiter und dem Lagerausschuß verantwortlich.

§ 8. Den Aufbau des Lagers, seine Verfassung im einzelnen und sein Disziplinarrecht bestimmt die Lagerordnung.

Artikel 8.

Die Akademische Selbsthilfe

§ 1. Mit der Führung der Geschäfte der Akademischen Selbsthilfe beauftragt der Selbsthilfeausschuß das Akademische Berufsamt der Universität Tübingen. Der Leiter der Akademischen Selbsthilfe ist personengleich mit dem Leiter des Akademischen Berufsamts. Die weiter erforderlichen Kräfte werden vom Selbsthilfeausschuß bestellt.

§ 2. Der Leiter der Akademischen Selbsthilfe führt sämtliche Geschäfte im Rahmen der Richtlinien, die der Selbsthilfeausschuß aufstellt. Er ist für seine Geschäftsführung dem Selbsthilfeausschuß verantwortlich.

§ 3. Die Akademische Selbsthilfe erstreckt sich vorwiegend auf die arbeitslosen Universitätsabsolventen. Sie soll ihnen Arbeitsdienst und zusätzliche Beschäftigung vermitteln und Gelegenheit zur Weiterbildung und Umschulung verschaffen.

§ 4. Im Selbsthilfeausschuß muß das Asta-Amt für Akademiker-Selbsthilfe vertreten sein.

b) Satzung des Verwaltungsrats

im Tübinger Bund für Freiwilligen Arbeitsdienst[1]).

§ 1. Name und Sitz. Der Verwaltungsrat des Tübinger Bundes für Freiwilligen Arbeitsdienst ist ein Glied des als Organisation des studentenschaftlichen Dienstes für Arbeitslager von Arbeitern, Bauern und Studenten in Tübingen begründeten Tübinger Bundes für Freiwilligen Arbeitsdienst. Sein Sitz ist Tübingen. Er soll unter der Bezeichnung „Verwaltungsrat im Tübinger Bund für Freiwilligen Arbeitsdienst in das Vereinsregister eingetragen werden.

[1]) Die vorstehende Satzung ist ein Entwurf, der bei der endgültigen Beschlußfassung noch Aenderungen erfahren kann.

§ 2. Zweck. Dem Verein obliegt als Verwaltungsrat im TBA. die Förderung und Verwirklichung des Gedankens des Freiwilligen Arbeitsdienstes von Arbeitern, Bauern und Studenten und der Akademischen Selbsthilfe. Er wirkt namentlich mit an der Schaffung der vom TBA. ausgehenden Arbeitslager im Rahmen der Statuten des TBA. und der Akademischen Selbsthilfe.

Die Aufgaben des Vereins sind im einzelnen folgende:

1. Beschaffung, Entgegennahme und Verwaltung der erforderlichen Mittel.
2. Beschlußfassung über den Jahresplan.
3. Aufstellung von Richtlinien für Vorstand, Lagerdienst und Akademische Selbsthilfe.
4. Abänderung und Erweiterung seiner Satzung und der Statuten des TBA.
5. Eventuelle Zuwahl weiterer Mitglieder.

Grundsätzlich obliegt dem Verein die Erfüllung der durch die Statuten des TBA., die insoweit als Anlage 1 zum Bestandteil dieser Satzung gemacht werden, dem Verwaltungsrat zugewiesenen Aufgaben.

§ 3. Mitgliedschaft.

(I) Mitglieder des Vereins sind:

1. Die Tübinger Jubiläumsstiftung.
2. Das Tübinger Studentenwerk e. V.
3. Die Vereinigung der Tübinger Altherrenverbände.
4. Der Freiwillige Studentische Arbeitsdienst in Stuttgart e. V.
5. Der Vermögensbeirat der Studentenschaft Tübingen.
6. Der Allgemeine Studentenausschuß an der Universität Tübingen.
7. Der Vertrauensdozent der Studienstiftung des Deutschen Volkes.
8. Der Universitätsrat.
9. Der Berufsberater an der Universität.
10. Die Altlagerführer der Lagerkameradschaften des TBA.
11. Sieben Vertreter des Kreises der Freunde.
12. Sieben Mitglieder des Lehrkörpers an der Universität.
13. Drei nichtstudentische Vertrauensmänner der Lagerkameradschaft.
14. Die von der Mitgliederversammlung außerdem zugewählten Mitglieder.
15. Eine noch zu bestimmende Zahl von Vertretern der Akad. Berufsverbände.

(II) Die Mitgliederrechte der in Absatz I unter Ziffer 1—5 genannten Organisationen und der Berufsverbände werden durch je einen von der betreffenden Organisation bestellten Vertreter ausgeübt. Der Allgemeine Studentenausschuß an der Universität Tübingen (Asta) übt seine Mitgliederrechte aus durch drei Mitglieder seines Vorstands. Jeder von ihnen hat eine Stimme.

(III) Die Mitgliedschaft wird erworben bei den in Abs. I unter Ziffer 1 bis 9 genannten Stellen und Organisationen und bei den Berufsverbänden durch Erklärung gegenüber dem Vorsitzenden, ebenso bei den von der Mitgliederversammlung zugewählten Mitgliedern. Die Vertreter des Kreises der Freunde im TBA. und des Lehrkörpers an der Universität werden von der Mitgliederversammlung, die drei nichtstudentischen Vertrauensmänner der Lagerkameradschaft von den Altlagerführern nach Maßgabe der Lagerordnung (Art. 7 der Statuten des TBA.) auf drei Jahre gewählt. Die Altlagerführer verlieren ihre Mitgliedschaft nach Ablauf von fünf Jahren.

(IV) Der Austritt erfolgt mit Wirkung zum Semesterende durch schriftliche Erklärung gegenüber dem Vorsitzenden.

(V) Wiederwahl ausscheidender Mitglieder ist zulässig.

(VI) Die Mitglieder haben keine Mitgliederbeiträge zu leisten.

§ 4. Mitgliederversammlung.

(I) Die Mitgliederversammlung ist vom Vorsitzenden nach Bedarf, jährlich jedoch mindestens zweimal, sowie auf Antrag von mindestens sieben Mitgliedern mit schriftlicher Angabe der Gründe, einzubringen. Bei der Einladung, die auch mündlich oder fernmündlich erfolgen kann, sind nur wichtige Gegenstände der Tagesordnung anzugeben.

(II) Die Mitgliederversammlung ist beschlußfähig, wenn mindestens zehn Mitglieder anwesend sind. Ist der Vorsitzende verhindert, so leitet der zweite Vorsitzende die Versammlung.

(III) Zu gewöhnlichen Beschlüssen ist einfache, zur Aenderung der Satzung des Vereins und der Statuten des TBA., ebenso zur Zuwahl neuer Mitglieder ⅔ Stimmenmehrheit der erschienenen Mitglieder erforderlich. In Zweifelsfällen gibt die Stimme des Vorsitzenden der Mitgliederversammlung den Ausschlag.

(IV) Entscheidungen von grundsätzlicher Bedeutung in Fragen der Arbeitslager können nicht gegen die drei vereinigten Stimmen der Vertreter des Tübinger Asta getroffen werden. Fragen grundsätzlicher Art sind insbesondere:

1. Die Beschlußfassung über die Verwendung der von der Tübinger Studentenschaft aufgebrachten Mittel.
2. Aufstellung der Lager- und Disziplinarordnung.

(V) Ueber die Verhandlungen und Beschlüsse der Mitgliederversammlung ist eine Niederschrift aufzunehmen, die vom Vorsitzenden der Mitgliederversammlung oder dem von ihm bestimmten Schriftführer zu beurkunden ist.

§ 5. Der Vorstand.

Der Vorstand des Vereins besteht aus seinem Vorsitzenden. Er wird von der Mitgliederversammlung auf die Dauer von drei Jahren gewählt, sein Stellvertreter auf die Dauer von zwei Jahren. Der Vorstand führt die laufenden Geschäfte des Vereins und vertritt den Verein nach außen.

§ 6. Ausschüsse.

(I) Innerhalb des Vereins werden zunächst folgende Ausschüsse gebildet:

1. Für Werbung und Vermögensverwaltung der Vermögensausschuß.
2. Für die Lager und den Lagerdienst der Lagerausschuß.
3. Für die Akademische Selbsthilfe der Selbsthilfeausschuß.

(II) Die Ausschüsse bestehen aus dem Vorsitzenden und stellvertretenden Vorsitzenden des Vereins, dem Vorstand des TBA., soweit seine Mitglieder nicht schon anderweitig im Ausschuß vertreten sind und 5 bis 7 von der Mitgliederversammlung zu bestimmenden Personen.

(III) Die Ausschüsse sind von dem Vorstand des Vereins nach Bedarf, auf Antrag des geschäftsführenden Leiters des Lagerdienstes und des Leiters der Akademischen Selbsthilfe im TBA. sowie auf Antrag von vier Ausschußmitgliedern, wovon mindestens zwei dem Vorstand des TBA. angehören müssen, einzuberufen.

(IV) Die Ausschüsse entscheiden mit Stimmenmehrheit. Bei Stimmengleichheit entscheidet die Stimme des Vorsitzenden des Ausschusses. Im Verhinderungsfalle des 1. Vorsitzenden leitet der stellvertretende Vorsitzende die Ausschußsitzung. Die Ausschüsse sind beschlußfähig, wenn mindestens fünf Mitglieder anwesend sind.

(V) Der Vermögensausschuß verteilt die von der Mitgliederversammlung für die Lager genehmigten Mittel. Die Verfügung darüber obliegt dem Vorstand.

(VI) Die Verteilung der für die Akademische Selbsthilfe zur Verfügung stehenden Mittel steht dem Selbsthilfeausschuß zu.

(VII) In jedem Ausschuß des Vereins sind mindestens ein Asta-Vertreter und mindestens ein Altlagerführer zu beteiligen. Im Selbsthilfeausschuß dagegen ist das Asta-Amt für Akademiker-Selbsthilfe vertreten.

§ 7. Streitigkeiten über Anwendung und Auslegung der Satzung des Vereins und der Statuten des TBA entscheidet die Mitgliederversammlung unter Ausschluß des Rechtswegs.

§ 8. Wird der Verein aufgelöst, so bestimmt die Mitgliederversammlung, wie das Vermögen des Vereins verwendet werden soll.

§ 9. Der Verein ist konstituiert, wenn mindestens 7 Mitglieder die Satzung unterzeichnen.

Anlage 11

Die gesetzlichen Bestimmungen über den freiwilligen Arbeitsdienst

a) Gesetz über Arbeitsvermittlung und Arbeitslosenversicherung, § 139a

Durch die 2. Notverordnung des Herrn Reichspräsidenten vom 5. Juni 1931 wurde in das Gesetz folgender § 139 a eingefügt:

(1) Der Reichsanstalt liegt es ob, den freiwilligen Arbeitsdienst zu fördern. Sie darf dafür Mittel der Arbeitslosenversicherung und der Krisenfürsorge insoweit einsetzen, als es mit Rücksicht auf die Beteiligung unterstützter Arbeitsloser angemessen ist.

(2) Gefördert werden dürfen nur gemeinnützige zusätzliche Arbeiten, die ohne die Förderung auch nicht im Wege der Notstandsarbeiten bereitgestellt werden können, insbesondere Bodenverbesserungs-Arbeiten, Herrichtung von Siedlungs- und Kleingartenland, örtliche Verkehrsverbesserungen und Arbeiten, die der Hebung der Volksgesundheit dienen.

(3) Träger der Arbeiten dürfen nur Körperschaften des öffentlichen Rechts oder solche Vereinigungen oder Stiftungen sein, die nach ihrem Verbandszweck gemeinnützige Ziele verfolgen, ferner Vereinigungen, die Gruppen von Arbeitsdienstwilligen für Arbeiten nach Abs. 2 zusammenfassen. Unternehmungen, die auf Erwerb gerichtet sind, können nicht Träger der Arbeiten sein.

(4) Die Beschäftigung im freiwilligen Arbeitsdienst begründet kein Arbeitsverhältnis im Sinne des Arbeitsrechts.

(5) Das Nähere, insbesondere über Art, Höhe und Dauer der Förderung, über den Personenkreis sowie über das Verfahren bestimmt der Reichsarbeitsminister. Er kann dabei von den Vorschriften des Gesetzes über Arbeitsvermittlung und Arbeitslosenversicherung abweichen. Vor seinen Anordnungen hat der Reichsarbeitsminister den zuständigen Ausschuß des Verwaltungsrats der Reichsanstalt zu hören.

(6) Der Reichsarbeitsminister bestimmt ferner, inwieweit auf den freiwilligen Arbeitsdienst die Vorschriften des Arbeitsschutzes und der Sozialversicherung anzuwenden sind. Er kann von diesen Vorschriften abweichen.

(7) Der Reichsarbeitsminister kann Gemeinden, in denen Arbeiten nach Abs. 2 ausgeführt werden, verpflichten, den Arbeitsdienstwilligen Unterkunft und Verpflegung zu gewähren. Er kann die Entschädigung dafür festsetzen; dabei kann er den Trägern der Arbeit die Verpflichtung auferlegen, die Entschädigung im voraus sicherzustellen.

(8) Der Reichsarbeitsminister kann mit Zustimmung des Reichsministers der Finanzen Vorschriften erlassen, nach denen beim Vorliegen besonderer Voraussetzungen dem Arbeitsdienstwilligen ein Betrag bis zur Höhe des ungefähren Unterschiedes zwischen der Arbeitslosenunterstützung und dem tariflichen oder ortsüblichen Arbeitsentgelt gutgeschrieben werden kann, das der Dienstwillige für seine Arbeit erhielte, wenn er sie im Arbeitsverhältnis verrichtete. Der gutgeschriebene Betrag darf nur dazu dienen, innerhalb einer bestimmten Frist beim Erwerb einer Siedlerstelle oder bei der Einrichtung eines Eigenheims Verwendung zu finden.

b) Verordnung über die Förderung des freiwilligen Arbeitsdienstes vom 23. Juli 1931

I. Förderung, Personenkreis

Artikel 1

(1) Gegenstand des freiwilligen Arbeitsdienstes im Sinne des § 139a des Gesetzes über Arbeitsvermittlung und Arbeitslosenversicherung und dieser Verordnung können nur gemeinnützige zusätzliche Arbeiten sein, die als solche von der Reichsanstalt für Arbeitsvermittlung und Arbeitslosenversicherung anerkannt sind.

(2) Die Gemeinnützigkeit zusätzlicher Arbeiten wird nicht dadurch ausgeschlossen, daß die Arbeiten in erster Linie einem beschränkten Personenkreis (Mitgliedern von Verbänden und Genossenschaften, Hilfsbedürftigen) zugute kommen, sofern die Allgemeinheit ein wesentliches Interesse an der Ausführung hat.

Artikel 2

Eine Förderung ist nur zulässig, wenn Gewähr dafür besteht, daß die Zusammenfassung von Arbeitsgruppen im freiwilligen Arbeitsdienste nicht für politische oder staatsfeindliche Zwecke mißbraucht wird.

Artikel 3

(1) Die Förderung wird für Empfänger von versicherungsmäßiger Arbeitslosenunterstützung und von Krisenunterstützung gewährt, die bei der Arbeit mit Zustimmung ihres zuständigen Arbeitsamts (§§ 168, 169 des Gesetzes) beschäftigt werden.

(2) Ist dieses Arbeitsamt nicht zugleich das Arbeitsamt des Dienstorts, so darf die Zustimmung nur im Benehmen mit diesem Amte erteilt werden. Arbeitsamt des Dienstorts ist das Arbeitsamt, in dessen Bezirk die Arbeit ausgeführt wird; erstreckt sich die Arbeit über mehrere Arbeitsamtsbezirke, so bestimmt der Vorsitzende des Landesarbeitsamts, welches Arbeitsamt als Arbeitsamt des Dienstorts anzusehen ist.

Artikel 4

(1) Empfänger von versicherungsmäßiger Arbeitslosenunterstützung oder von Krisenunterstützung, die nach Artikel 3 als Arbeitsdienstwillige beschäftigt werden, erhalten die Unterstützung in der bisherigen Höhe und Dauer weiter.

(2) Das Arbeitsamt des Dienstorts kann die Unterstützung der beteiligten Arbeitsdienstwilligen auch in Pauschbeträgen festsetzen, jedoch nicht mehr als zwei Reichsmark wochentäglich auf den Kopf des Arbeitsdienstwilligen. Das Arbeitsamt kann die Unterstützung für die beteiligten Arbeitsdienstwilligen bis zur Dauer von zwanzig Wochen bewilligen; geschieht dies, so wird die Unterstützung während der festgesetzten Dauer auch für diejenigen Arbeitsdienstwilligen weitergewährt, deren Unterstützungsanspruch schon in einem früheren Zeitpunkt erschöpft ist. Wird die Arbeit nach Ablauf der nach Satz 2 bewilligten Dauer noch fortgesetzt, so kann der nach Satz 1 festgesetzte Betrag für die Weiterbeschäftigten, deren Unterstützungsanspruch noch nicht erschöpft ist, bis zur sonst zulässigen Höchstdauer weitergezahlt werden.

(3) Die Unterstützung kann statt an den Arbeitsdienstwilligen an den Träger der Arbeit gezahlt werden, wenn dieser für die ordnungsmäßige Verwaltung und Verwendung der Gelder zugunsten der Arbeitsdienstwilligen ausreichende Gewähr bietet. Der Träger der Arbeit kann die Unterstützung ganz oder teilweise in Sachleistungen an die Arbeitsdienstwilligen weitergeben. Soweit es erforderlich ist, um die Arbeit in Gang zu bringen, kann die Unterstützung im voraus an den Träger der Arbeit gezahlt werden, regelmäßig jedoch nicht für eine längere Zeitdauer als eine Woche.

Artikel 5

(1) Soweit der Reichsarbeitsminister der Reichsanstalt für Arbeitsvermittlung und Arbeitslosenversicherung besondere Reichsmittel zur Verfügung stellt, kann das Arbeitsamt des Dienstorts Arbeitslosenunterstützung von höchstens zwei Reichsmark wochentäglich für eine Dauer von höchstens zwanzig Wochen auch solchen Arbeitsdienstwilligen gewähren, die nur deshalb keine Unterstützung erhalten, weil sie die Voraussetzungen des § 87 Abs. 2 des Gesetzes nicht erfüllen oder weil sie das vorgeschriebene Alter für die Krisenunterstützung noch nicht erreicht haben. Der Präsident der Reichsanstalt regelt die Verteilung der Reichsmittel auf die nachgeordneten Dienststellen.

(2) Die Zeit, während deren der Arbeitsdienstwillige auf Grund des Abs. 1 Arbeitslosenunterstützung bezogen hat, wird auf die Unterstützungshöchstdauer angerechnet, wenn er später versicherungsmäßige Arbeitslosenunterstützung bezieht.

Artikel 6

Lehnt es der Arbeitslose ab, sich an einer Arbeit im freiwilligen Arbeitsdienste zu beteiligen, oder gibt er eine solche Arbeit auf, so ist dies nicht als Tatsache anzusehen, aus der sich ergibt, daß der Arbeitslose arbeitsunwillig oder durch eigenes Verschulden arbeitslos ist (§ 93 c des Gesetzes).

Artikel 7

Auf Krisenunterstützung, die nach Artikel 4 während des freiwilligen Arbeitsdienstes an Arbeitswillige gezahlt worden ist, findet § 101 a des Gesetzes keine Anwendung.

II. Verfahren

Artikel 8

(1) Ob eine Arbeit als freiwilliger Arbeitsdienst anzuerkennen ist und deshalb aus Mitteln der Reichsanstalt für Arbeitsvermittlung und Arbeitslosenversicherung oder aus Mitteln der Krisenunterstützung oder aus besonderen Reichsmitteln gefördert werden kann (Artikel 4, 5), entscheidet der Vorsitzende des Landesarbeitsamts im Benehmen mit einem Ausschuß des Verwaltungsausschusses des Landesarbeitsamts.

(2) Zuständig ist der Vorsitzende des Landesarbeitsamts, in dessen Bezirk die Arbeiten ausgeführt werden. Erstreckt sich die Arbeit über die Bezirke mehrerer Landesarbeitsämter, so bestimmt der Präsident der Reichsanstalt, welchem dieser Landesarbeitsämter die Entscheidung zusteht.

(3) Soweit sich die Arbeiten nicht über die Bezirke mehrerer Arbeitsämter erstrecken, kann der Vorsitzende des Landesarbeitsamts die Entscheidungsbefugnis auf die Vorsitzenden der Arbeitsämter übertragen. Ist die Entscheidungsbefugnis übertragen, so entscheidet der Vorsitzende des Arbeitsamts im Benehmen mit einem Ausschuß des Verwaltungsausschusses des Arbeitsamts.

Artikel 9

(1) Für die Dauer der Betätigung im freiwilligen Arbeitsdienst ist das Arbeitsamt des Dienstorts ohne weiteres zur Unterstützung der beteiligten Arbeitsdienstwilligen zuständig.

(2) Soweit Gemeinden von geringer finanzieller Leistungsfähigkeit, in denen nach Abs. 1 die örtliche Zuständigkeit zur Krisenunterstützung begründet wird, hierdurch über Gebühr mit Aufwendungen für Empfänger von Krisenunterstützung belastet würden (§ 167 des Gesetzes), ohne daß ihnen ein entsprechender Vorteil aus der Ausführung der Arbeit erwächst, kann der Vorsitzende des Landesarbeitsamts auf die Beteiligung der Gemeinden am Aufwand verzichten. In diesem Falle trägt das Reich den Ausfall.

Artikel 10

Das Arbeitsamt des Dienstorts kann die Arbeitsdienstwilligen von den regelmäßigen Meldungen (§ 173 des Gesetzes) befreien, soweit die Durch-

führung des Arbeitsdienstes dies erfordert und von der Befreiung eine mißbräuchliche Ausnutzung der Unterstützung nicht zu befürchten ist.

Artikel 11

Der Arbeitsdienstwillige muß von der Arbeit abgerufen werden, wenn ihm eine Arbeitsstelle vermittelt werden kann. Der Träger der Arbeit ist so früh als möglich von der bevorstehenden Abrufung zu benachrichtigen.

Artikel 12

(1) Gegen Entscheidungen, die der Vorsitzende des Arbeitsamts auf Grund dieser Verordnung trifft, ist binnen zwei Wochen Beschwerde an den Vorsitzenden des Landesarbeitsamts zulässig.

(2) Gegen Entscheidungen, die der Vorsitzende des Landesarbeitsamts auf Grund dieser Verordnung trifft, ist binnen zwei Wochen Beschwerde an den Präsidenten der Reichsanstalt für Arbeitsvermittlung und Arbeitslosenversicherung zulässig.

(3) Zur Beschwerde berechtigt ist jeder, der an der Abänderung der Entscheidung ein berechtigtes Interesse hat. Die Beschwerde bewirkt keinen Aufschub.

(4) Gegen Entscheidungen, die auf Grund dieser Verordnung getroffen werden, ist ein Rechtsmittel weder an die Spruchbehörden noch an die Organe der Reichsanstalt gegeben.

III. Anwendung von Vorschriften der Sozialversicherung und des Arbeitsschutzes

Artikel 13

(1) Die Krankenversicherung Arbeitsdienstwilliger, die bis zur Aufnahme des freiwilligen Arbeitsdienstes versicherungsmäßige Arbeitslosenunterstützung oder Krisenunterstützung bezogen haben, läuft während des freiwilligen Arbeitsdienstes unverändert weiter, auch wenn statt der bisherigen Unterstützung ein abweichender Satz festgesetzt oder die Unterstützung über die sonst zulässige Höchstdauer hinaus gewährt wird (Art. 4 Abs. 2); insbesondere ändern sich hierdurch Grundlohn und Krankengeld nicht. Mit dem Übergang der Zuständigkeit auf das Arbeitsamt des Dienstortes werden die Arbeitsdienstwilligen jedoch Mitglieder der Krankenkasse, bei der sie nach den §§ 121, 122, 124 des Gesetzes Mitglieder geworden wären, wenn sie die Unterstützung von vornherein bei diesem Arbeitsamte bezogen hätten; die Befugnis zur Versicherung nach § 123 des Gesetzes bleibt unberührt.

(2) Auf Arbeitsdienstwillige, die Arbeitslosenunterstützung nach Artikel 5 erhalten, finden die Vorschriften über die Krankenversicherung Arbeitsloser entsprechende Anwendung. Für die Berechnung des Grundlohns gilt § 119 des Gesetzes; dabei ist der Einheitslohn der Lohnklasse V zugrunde zu legen. Die Beiträge werden aus den besonderen Reichsmitteln (Artikel 5) bestritten.

(3) Arbeitsdienstwillige, die weder unter Abs. 1 noch unter Abs. 2 fallen, sind ebenfalls gegen Krankheit versichert; die Vorschriften der Reichsversicherungsordnung über Krankenversicherung finden mit folgenden Abweichungen Anwendung: Die Versicherten erhalten im Falle der Erkrankung lediglich Krankenpflege (§ 182 Abs. 1 Nr. 1 der Reichsversicherungsordnung). Für die Berechnung des Grundlohns tritt an die Stelle des Arbeitsentgelts die Entschädigung, die dem Versicherten von dem Träger der Arbeit etwa gewährt wird; § 180 Abs. 4 der Reichsversicherungsordnung findet entsprechende Anwendung. Der Beitragssatz ist gleich dem, den die Satzung der Klasse für Versicherte festgesetzt hat, bei denen im Krankheitsfalle gemäß § 189 der Reichsversicherungsordnung das Krankengeld ruht. Als Arbeitgeber gelten die Träger der Arbeiten.

(4) Mit der Krankenversicherung der Arbeitsdienstwilligen ist die Versicherung gegen Arbeitslosigkeit nicht verbunden.

Artikel 14

Für die Beschäftigung im freiwilligen Arbeitsdienste gelten die reichsgesetzlichen Vorschriften über Unfallversicherung. § 157 b der Reichsversicherungsordnung findet auf den freiwilligen Arbeitsdienst entsprechende Anwendung, und zwar auch bei landwirtschaftlichen Betrieben.

Artikel 15

Für Arbeitsdienstwillige, die bis zur Aufnahme des freiwilligen Arbeitsdienstes versicherungsmäßige Arbeitslosenunterstützung oder Krisenunterstützung bezogen haben, finden zur Aufrechterhaltung der Anwartschaften in der Invaliden-, Angestellten- und knappschaftlichen Pensionsversicherung die §§ 129 und 167 Abs. 2 des Gesetzes über Arbeitsvermittlung und Arbeitslosenversicherung Anwendung, auch wenn statt der bisherigen Unterstützung ein abweichender Satz festgesetzt oder die Unterstützung über die sonst zulässige Höchstdauer hinaus gewährt wird (Artikel 4 Abs. 2).

Artikel 16

Auf die im freiwilligen Arbeitsdienste Beschäftigten finden die Vorschriften über Arbeitszeit, Sonntagsruhe, Gefahrenschutz und über Arbeitsbeschränkungen für Frauen und Jugendliche und die Bestimmungen über die Durchführung dieser Vorschriften Anwendung, die bei einer gleichartigen Beschäftigung im Arbeitsverhältnisse gelten würden. Hierbei sind Bodenverbesserungsarbeiten und Arbeiten zur Herrichtung von Siedlungs- und Kleingartenland in jedem Falle als landwirtschaftliche Arbeiten anzusehen. Als Arbeitgeber gelten die Träger der Arbeiten.

IV. Verpflichtung der Gemeinden zur Gewährung von Unterkunft und Verpflegung

Artikel 17

(1) Gemeinden, in deren Bezirk eine nach Artikel 8 anerkannte Arbeit ausgeführt wird, sind auf Verlangen des Vorsitzenden des Landesarbeitsamts verpflichtet, Unterkunft und Verpflegung für die bei der Arbeit beschäftigten Arbeitsdienstwilligen gegen angemessene Entschädigung zur Verfügung zu stellen. Sie können verlangen, daß der Träger der Arbeit für die Entschädigung im voraus Sicherheit leistet.

(2) Kommt über die Höhe der Entschädigung oder der Sicherheitsleistung eine Vereinbarung zwischen der Gemeinde und dem Träger nicht zustande, so entscheidet die Gemeindeaufsichtsbehörde, ihre Entscheidung ist endgültig.

V. Erleichterung der Siedlung für Arbeitsdienstwillige

Artikel 18

(1) Arbeitsdienstwilligen, die bei volkswirtschaftlich wertvollen Arbeiten zwölf Wochen beschäftigt worden sind, kann mit Wirkung vom Beginn ihrer Beschäftigung ein Betrag von 1,50 Reichsmark für jeden Wochentag der Beschäftigung fortlaufend gutgeschrieben werden.

(2) Die Stelle, die nach Artikel 8 über die Zulassung der Arbeit zur Förderung entscheidet, hat in der Entscheidung zum Ausdruck zu bringen, ob die Arbeit im Sinne der vorstehenden Bestimmung als volkswirtschaftlich wertvoll anzusehen ist.

(3) Die Gutschrift geschieht nur auf Antrag des Arbeitsdienstwilligen; der Antrag muß spätestens einen Monat nach Abschluß der Beschäftigung gestellt werden.

(4) Ob und in welcher Höhe die Voraussetzungen der Gutschrift erfüllt sind, entscheidet das Arbeitsamt des Dienstortes. Vor der Entscheidung ist der Träger der Arbeit darüber zu hören, ob der Arbeitsdienstwillige während der angegebenen Zeit regelmäßig bei der Arbeit beschäftigt war. Das

Nähere bestimmt der Präsident der Reichsanstalt für Arbeitsvermittlung und Arbeitslosenversicherung.

Artikel 19

(1) Der gutzuschreibende Betrag (Artikel 18) nebst 6 vom Hundert jährlich nachträglich am 1. März fälligen Zinsen wird für den Arbeitsdienstwilligen auf Ersuchen des Landesarbeitsamts (Artikel 8 Abs. 2) in das Reichsschuldbuch eingetragen.

(2) Die Vorschriften des Reichsschuldbuchgesetzes in der Fassung vom 31. Mai 1910 (Reichsgesetzbl. S. 840) finden mit folgender Maßgabe sinngemäß Anwendung:

1. Zinsen werden nur für volle Kalendermonate und nur, soweit das Schuldkapital durch 10 teilbar ist, gewährt.
2. Die Zinsen werden nicht ausgezahlt, sondern jeweils an ihren Fälligkeitstagen dem Schuldkapital zugeschrieben, Zinseszinsen werden nicht berechnet.
3. Schuldverschreibungen werden gegen Löschung der Reichsschuldbuchforderungen nicht ausgereicht.
4. Der Arbeitsdienstwillige kann über den eingetragenen Betrag nur dadurch verfügen, daß er ihn in der vorgeschriebenen Form an eine gemeinnützige Einrichtung abtritt, die sich mit der Errichtung von Siedlungen oder von Eigenheimen befaßt. Mit der Abtretung wird der gutgeschriebene Betrag fällig. Der Abtretung ist eine Erklärung der gemeinnützigen Einrichtung beizufügen, daß der Arbeitsdienstwillige durch sie eine Siedlung erwerben oder ein Eigenheim errichten wird. Die Erklärung ist mit einer Bescheinigung der Behörde, die die Ansiedlungsgenehmigung erteilt, zu versehen, daß die Einrichtung gemeinützigen Charakter trägt, nach dem vorgelegten Kaufvertrage die Ansiedlung gesichert erscheint und gegen die Abtretung Bedenken nicht zu erheben sind. Die Abtretung erstreckt sich ohne weiteres auch auf die vom letzten Zinstermin ab aufgelaufenen Zinsen.
5. Die Reichsschuldbuchforderung wird von Amts wegen gelöscht, wenn nicht binnen zehn Jahren vom Tage der Eintragung des erstmals gutzuschreibenden Betrags an die Abtretung nach Nr. 4 bei der Reichsschuldenverwaltung eingegangen ist.
6. Die Pfändung der Reichsschuldbuchforderung oder ihre Belastung zugunsten eines Dritten ist ausgeschlossen; dasselbe gilt für die Abtretung, soweit es sich nicht um die Abtretung nach Nr. 4 handelt.

VI. Ueberwachung, Abrechnung, Berichterstattung

Artikel 20

(1) Das Arbeitsamt des Dienstorts hat von Zeit zu Zeit nachzuprüfen, ob die Voraussetzungen des freiwilligen Arbeitsdienstes noch vorliegen und ob die Förderung in der festgesetzten Weise verwendet wird. Das Landesarbeitsamt ist befugt, die gleiche Nachprüfung vorzunehmen.

(2) Über die Berichterstattung und über die Abrechnung trifft der Präsident der Reichsanstalt für Arbeitsvermittlung und Arbeitslosenversicherung nähere Anordnungen.

VII. Inkrafttreten

Artikel 21

Diese Verordnung tritt am 3. August 1931 in Kraft.

Berlin, den 23. Juli 1931.

Der Reichsarbeitsminister
Stegerwald

Der Reichsminister der Finanzen
H. Dietrich

c) Richtlinien des Präsidenten der Reichsanstalt vom 29. Juli 1931

Durchführung des freiwilligen Arbeitsdienstes

Zur Verordnung des Herrn Reichsarbeitsministers über die Förderung des freiwilligen Arbeitsdienstes vom 23. Juli 1931 weise ich auf folgende Gesichtspunkte hin:

A. Gegenstand und Wesen des freiwilligen Arbeitsdienstes

(1) Der freiwillige Arbeitsdienst, wie er durch den § 139 a AVAVG. in Verbindung mit der Verordnung des Herrn Reichsarbeitsministers vom 23. Juli 1931 eingeführt ist, soll es Arbeitslosen, insbesondere solchen jugendlichen Alters, ermöglichen, ihre brachliegende Arbeitskraft — ohne Eingehung eines Arbeitsverhältnisses — in selbstgewählter ernster Gemeinschaftsarbeit unter sachkundiger Leitung in nützlichen Arbeiten, die sonst nicht in Angriff genommen würden, zu betätigen und aus der Arbeit selbst sowie durch nebenhergehende Bildungsmaßnahmen körperliche und geistige Schulung zu empfangen.

(2) Dem Wesen des freiwilligen Arbeitsdienstes entspricht die uneingeschränkte Freiwilligkeit der Betätigung; ihre Verweigerung oder Aufgabe kann somit, wie Art. 6 der Verordnung ausdrücklich hervorhebt, niemals zum vorübergehenden Verlust der Unterstützung (Sperrfrist) führen.

(3) Der freiwillige Arbeitsdienst darf nicht Arbeiten an sich ziehen, die im freien Arbeitsverhältnis durchgeführt werden können. Ebensowenig darf aus Anlaß des freiwilligen Arbeitsdienstes ein Anreiz, insbesondere für öffentlich-rechtliche Körperschaften, geschaffen werden, Arbeiten in eigener Regie durchzuführen; das wäre u. a. zu befürchten, wenn im Zusammenhang mit dem freiwilligen Arbeitsdienst größeres Arbeitsgerät angeschafft würde. Wie der freiwillige Arbeitsdienst an den guten Willen der Arbeitnehmer appelliert, so kann auch die Bereitwilligkeit der Unternehmer erwartet werden, das nötige Arbeitsgerät, über das sie verfügen, nach Möglichkeit kostenlos oder leihweise zur Verfügung zu stellen.

(4) Der freiwillige Arbeitsdienst darf andererseits nicht die Arbeitskraft dem Arbeitsmarkt fernhalten. Daher sieht die Verordnung grundsätzlich die Abberufung eines Arbeitsdienstwilligen vor, wenn ihm eine Arbeitsstelle vermittelt werden kann (Art. 11). Im Hinblick auf die derzeitige Arbeitsmarktlage soll das Arbeitsamt einen Arbeitsdienstwilligen nur dann abrufen, wenn für die Vermittlung in eine Arbeitsstelle andere geeignete Arbeitslose nicht zur Verfügung stehen oder wenn der Arbeitsdienstwillige es wünscht.

B. Träger der Arbeiten, Träger des Dienstes

(1) Es sind zu unterscheiden:

Die Träger der Arbeiten; diese sind öffentlich-rechtliche Körperschaften, gemeinnützige Genossenschaften oder Verbände, welche die Arbeiten für eigene Rechnung und unter eigener Verantwortung ausführen, Arbeitskleidung und Arbeitsgerät zur Verfügung stellen und für die Aufbringung der Restfinanzierung der Arbeiten zu sorgen haben.

Die Träger des Dienstes; als solche werden die Vereinigungen und Verbände bezeichnet, welche Gruppen von Arbeitsdienstwilligen zusammenfassen und für die Arbeiten zur Verfügung stellen.

Es ist auch möglich, daß der Träger der Arbeit mit dem Träger des Dienstes zusammenfällt.

(2) Als Träger des Dienstes kommen alle Vereinigungen in Betracht, die für ordnungsmäßige Durchführung des freiwilligen Arbeitsdienstes im Rahmen

dieser Verordnung Gewähr bieten, gleichgültig, welche Zwecke sie sonst verfolgen. Dagegen sind nach Art. 2 von vornherein solche Verbände und Arbeitsgruppen auszuschließen, hinsichtlich deren begründete Annahme besteht, daß sie den freiwilligen Arbeitsdienst zu politischen oder staatsfeindlichen Zwecken mißbrauchen werden. Stellt sich ein solcher Mißbrauch im Laufe einer genehmigten Arbeit heraus, so sind die Vorsitzenden der Landesarbeitsämter verpflichtet, die Förderung sofort zu widerrufen.

C. Art der Arbeiten

Als Arbeiten des freiwilligen Arbeitsdienstes kommen gemeinnützige zusätzliche Arbeiten aller Art in Frage, die eine ernsthafte Arbeitsleistung erfordern und im freien Arbeitsverhältnis oder im Wege der Notstandsarbeit nicht ausgeführt werden können. Arbeiten, die zu den Pflichtaufgaben öffentlicher Körperschaften gehören, müssen ausscheiden.

Die Prüfung des Landesarbeitsamts hat sich auf folgende Punkte zu erstrecken:

1. Gemeinnützigkeit der Arbeit. Der Begriff der Gemeinnützigkeit ist nicht engherzig auszulegen. Die Gemeinnützigkeit zusätzlicher Arbeiten wird nicht dadurch ausgeschlossen, daß die Arbeiten in erster Linie einem beschränkten Personenkreis (Mitglieder von Verbänden und Genossenschaften, Hilfsbedürftigen) zugute kommen, sofern die Allgemeinheit ein wesentliches Interesse an der Ausführung hat. Danach sind solche Arbeiten, die einer Einzelperson unmittelbar zugute kommen oder unmittelbar einem Privatinteresse dienen, von der Förderung ausgeschlossen; dagegen werden z. B. Arbeiten von Bodenverbesserungsgenossenschaften oder Deichverbänden, sofern die Allgemeinheit ein wesentliches Interesse an der Ausführung hat, auch dann als förderungswürdig anzusprechen sein, wenn die Verbände nur verhältnismäßig wenige Mitglieder zählen.

2. Zusätzlichkeit der Arbeit. Eine Arbeit ist zusätzlich, wenn sie ohne Förderung entweder überhaupt nicht oder nicht zu dieser Zeit oder in dem geplanten Umfange durchgeführt werden könnte. Zum Nachweis der Zusätzlichkeit genügt nicht die Erklärung des Trägers der Arbeit, sondern es ist eine Nachprüfung des Sachverhalts durch den Vorsitzenden des Landesarbeitsamts zu fordern. Andererseits wird die Zusätzlichkeit nicht dadurch ausgeschlossen, daß bei Arbeiten, die einen gewissen Materialaufwand erfordern, wie z. B. bei Meliorations- oder Wegebauarbeiten, andere öffentlich-rechtliche oder private Stellen zur Restfinanzierung beitragen.

3. Subsidiarität der Arbeit. Nicht nur der Durchführung im freien Arbeitsverhältnis, sondern auch der Durchführung als Notstandsarbeit ist in jedem Falle der Vorzug zu erteilen. Die Durchführung einer Arbeit im Wege des freiwilligen Arbeitsdienstes kann auch in Frage kommen, wenn die Arbeit als solche nicht zur Förderung aus Mitteln der wertschaffenden Arbeitslosenfürsorge zugelassen ist. Pflicht des Landesarbeitsamts ist es — gegebenenfalls auch durch Verhandlungen mit dem Träger — zu klären, ob und aus welchen Gründen die Durchführung als Notstandsarbeit nicht möglich ist.

4. Ernsthaftigkeit der Arbeitsleistung. Es darf sich nicht nur um reine Beschäftigungsarbeiten handeln; die Arbeiten müssen vielmehr einen bestimmten wirtschaftlichen und arbeitspädagogischen Zweck verfolgen. Die Verordnung sieht absichtlich davon ab, eine Mindeststundenzahl für den Arbeitstag vorzuschreiben, damit je nach Art der Arbeit Zeit auch für Schulungsmaßnahmen und Ausübung von Sport freibleibt.

5. Sicherung der Restfinanzierung und der technischen Durchführung der Arbeit. Es muß von vornherein ein unwirtschaftliches Abbrechen der begonnenen Arbeit vermieden werden. Zu diesem Zweck wird es genügen, wenn der Träger der Arbeit einen Gesamtplan vorlegt, aus dem die übrigen Finanzierungsquellen ersichtlich sind.

6. Durch die Einrichtung des freiwilligen Arbeitsdienstes sollen nicht Arbeitnehmer aus ihrer regulären Arbeitsstelle verdrängt und durch die Kräfte des freiwilligen Arbeitsdienstes ersetzt werden.

D. Personenkreis

(1) Die Förderung auf Grund des § 139 a AVAVG. beschränkt sich auf Empfänger von Arbeitslosen- und Krisenunterstützung; dazu treten, soweit der Herr Reichsarbeitsminister besondere Reichsmittel zur Verfügung stellt, arbeitslose Jugendliche unter 21 Jahren, die deshalb keinen Anspruch auf Arbeitslosenunterstützung haben, weil sie auf einen familienrechtlichen Unterhaltsanspruch verwiesen werden müssen (§ 87 Abs. 2 AVAVG.), oder die das vorgeschriebene Alter für die Krisenunterstützung noch nicht erreicht haben.

(2) Den Bezirksfürsorgeverbänden steht es frei, die von ihnen betreuten Arbeitslosen aus Mitteln der Wohlfahrtspflege in gleicher Weise zu fördern und dadurch die Voraussetzungen zu schaffen, daß Wohlfahrtsunterstützungsempfänger, soweit ihnen eine Meldung beim Arbeitsamt vorgeschrieben ist, zu den Arbeiten des freiwilligen Arbeitsdienstes zugelassen werden.

(3) Der Charakter als freiwilliger Arbeitsdienst wird nicht berührt, wenn einzelne im freien Arbeitsverhältnis stehende Arbeitskräfte, wie Gruppenführer oder Techniker (zur Leitung der Arbeiten) oder Facharbeiter (zur Anlernung der Arbeitsdienstwilligen) an den Arbeiten teilnehmen. Er wird ebensowenig beeinträchtigt durch die Beschäftigung anderer Personenkreise, mit denen ein Arbeitsvertrag nicht abgeschlossen ist, wie z. B. Studenten u. a.

(4) Die Verordnung setzt kein Höchst- oder Mindestalter für die Zulassung zum freiwilligen Arbeitsdienst fest. Bei Zusammentreffen von Arbeitsdienstwilligen verschiedenen Alters sind nach Möglichkeit Arbeitsgruppen Gleichaltriger zu bilden, was schon aus arbeitspädagogischen und jugendpflegerischen Gesichtspunkten wünschenswert erscheint.

(5) Eine Verbindung der Förderungsarten aus Mitteln der wertschaffenden Arbeitslosenfürsorge und des freiwilligen Arbeitsdienstes bei derselben Arbeit ist in der Regel ausgeschlossen. Sie kann ausnahmsweise nur dort zugelassen werden, wo eine zeitliche oder örtliche Trennung der Teilarbeiten durchführbar ist.

E. Arten der Förderung

(1) Die Förderung kann bestehen:

I. In der Zahlung der individuellen Arbeitslosen- oder Krisenunterstützung

a) an die Arbeitsdienstwilligen. Diese einfachste der Förderungsarten wird bei kleineren Arbeiten am Unterstützungsort, also ohne Ortswechsel der Arbeitslosen, praktisch werden. Sie erfolgt durch Zulassung der Arbeitslosen zur Arbeit und durch ihre Freistellung von der Meldepflicht beim Arbeitsamt (Art. 10). Mit dem Träger der Arbeit wird ein bestimmter Wochentag zu vereinbaren sein, an dem die Arbeitslosen ihre Unterstützung beim Arbeitsamt in Empfang nehmen;

b) an den Träger der Arbeit, der die Unterstützung an die Arbeitsdienstwilligen in bar weiterleitet;

c) an den Träger der Arbeit, wenn der Lebensunterhalt aus gemeinsamer Kasse bestritten werden soll.

II. In der Festsetzung einer nach Höhe und Dauer vereinheitlichten Unterstützung (Pauschalförderung). In der Pauschalförderung sind nicht nur die Hauptunterstützung, sondern auch die Familienzuschläge abgegolten. Die Pauschalförderung erfolgt ohne Rücksicht darauf, in welchem Umfang die individuelle Unterstützung bereits in Anspruch genommen worden ist, und wann der individuelle Unterstützungsanspruch auf Arbeitslosen- oder Krisenunterstützung erschöpft sein würde.

Die Pauschalförderung kann gezahlt werden:

a) an den Arbeitsdienstwilligen durch das Arbeitsamt;

b) an den Träger der Arbeit, der die Unterstützung an den Arbeitsdienstwilligen in bar weiterleitet;

c) an den Träger der Arbeit, der dafür — neben einem geringen Taschengeld — Unterkunft und Verpflegung bietet.

(²) Mit der Pauschalförderung übernimmt die Reichsanstalt zugunsten des freiwilligen Arbeitsdienstes in doppelter Hinsicht eine Mehrleistung

a) durch Erhöhung der Unterstützung bis auf 2,— RM. täglich für diejenigen Arbeitslosen, deren individueller Unterstützungssatz, nach der zuständigen Lohnklasse berechnet, geringer sein würde;

b) durch Verlängerung der Unterstützungsdauer bis auf 20 Wochen auch für diejenigen Unterstützungsempfänger, deren individueller Anspruch schon vor Ablauf dieses Zeitraumes erschöpft wäre.

(³) Die Vereinheitlichung des Unterstützungssatzes ist für die jeweils zusammengeschlossene ganze Gruppe Arbeitsdienstwilliger gleichmäßig durchzuführen. Sie dient dem Zweck, die individuellen Unterstützungsansprüche verschiedener Höhe und Dauer auf einen gemeinsamen Durchschnitt zu bringen. Das darf jedoch nicht dazu führen, die Pauschalförderung vorwiegend solchen Unterstützungsempfängern zugute kommen zu lassen, die kurz vor der Aussteuerung stehen. Eine grundsätzliche Verlängerung der Unterstützungsdauer auf dem Wege des freiwilligen Arbeitsdienstes ist nicht beabsichtigt.

(⁴) Die einheitliche Unterstützung kann sowohl an den Unterstützungsempfänger wie an den Träger der Arbeit ausgezahlt werden (Art. 4 Abs. 3). Letzteres wird die Regel sein.

(⁵) Nach Ablauf der einheitlich festgesetzten Dauer wird bei Fortführung der Arbeit für diejenigen Arbeitsdienstwilligen, deren Anspruch auf die versicherungsmäßige Arbeitslosen- oder Krisenunterstützung noch nicht erschöpft ist, entweder der einheitliche Unterstützungssatz oder die individuelle Arbeitslosen- bzw. Krisenunterstützung bis zur sonst zulässigen Höchstdauer weitergezahlt. Das letztere gilt gleichermaßen für den Fall vorzeitiger Beendigung der Arbeit.

(⁶) War der im freiwilligen Arbeitsdienst Beschäftigte Empfänger von Arbeitslosenunterstützung, so kann er nach Erschöpfung des Anspruchs in dieser Unterstützungsart seine Beschäftigung auf Grund der individuellen Unterstützung oder der Pauschalförderung aus der Krisenunterstützung fortsetzen, sofern der Betreffende einem zur Krisenunterstützung zugelassenen Berufe angehört. Entsprechend kann bei Jugendlichen, solange sie das 21. Lebensjahr noch nicht vollendet hatten, der Förderung aus der Arbeitslosenunterstützung eine solche aus Reichsmitteln gemäß Art. 5 vorangehen, doch ist dabei zu beachten, daß die Zeit, während deren der arbeitslose Jugendliche Arbeitslosenunterstützung dieser Art bezogen hat, auf die Unterstützungsdauer angerechnet wird, wenn er später versicherungsmäßige Arbeitslosenunterstützung bezieht; die Anrechnung unterbleibt nur, wenn inzwischen durch eine versicherungspflichtige Beschäftigung von mindestens 52 Wochen eine neue Anwartschaft erworben worden ist.

(⁷) Um die Vorteile des freiwilligen Arbeitsdienstes einer möglichst großen Anzahl von Arbeitsdienstwilligen zugute kommen zu lassen, bitte ich auf die Träger dahin einzuwirken, daß sie im allgemeinen den einzelnen Arbeitsdienstwilligen nicht für die höchstzulässige Dauer beschäftigen.

(⁸) Die Bestimmungen der §§ 132 ff. AVAVG. über Reisekosten, Arbeitsausrüstung usw. finden auf den freiwilligen Arbeitsdienst keine Anwendung.

(⁹) Wird die Unterstützung an den Träger der Arbeit im voraus gezahlt (Art. 4 Abs. 3 Satz 3), so hat er sich für den Fall, daß der Arbeitsdienstwillige vorzeitig von der Arbeit ausscheidet oder vom Arbeitsamt in eine Arbeitsstelle vermittelt wird, zu verpflichten, die nicht angefallene Unterstützung an das Arbeitsamt zu erstatten, spätestens in der nächsten Wochenabrechnung.

F. Verfahren

(1) Nach Art. 8 muß die Arbeit als freiwilliger Arbeitsdienst vom Vorsitzenden des Landesarbeitsamts anerkannt werden. Von einer Uebertragung dieser Befugnisse auf die Vorsitzenden der Arbeitsämter bitte ich vorläufig abzusehen.

(2) Es empfiehlt sich, den Antrag unter Verwendung eines Musters, das die Arbeitsämter bereitstellen werden, bei dem Arbeitsamt zu stellen, in dessen Bezirk die Arbeit ausgeführt werden soll; dadurch werden Rückfragen erspart und das Verfahren wird beschleunigt werden können. Mit dem Antrag auf Anerkennung ist u. a. eine Erklärung des Vorstandes der Gemeinde beizubringen, in deren Bezirk die Arbeit stattfinden soll; daraus muß sich ergeben, welche Stellung die Gemeinde zu dem Projekt einnimmt. Die Vorsitzenden der Landesarbeitsämter sollen berechtigte Wünsche der Gemeinden berücksichtigen.

(3) Die Entscheidung des Vorsitzenden des Landesarbeitsamts ergeht im Benehmen mit einem Ausschuß des Verwaltungsausschusses des Landesarbeitsamts. Da die Anträge mit tunlichster Beschleunigung zu entscheiden sind, wird die Aufgabe mit einem in kurzen Zeiträumen tagenden Ausschusse, in der Regel mit dem geschäftsführenden Ausschuß oder dem Unterausschuß für Notstandsarbeiten zu erledigen sein.

(4) Bei der Bewilligung der Förderung können dem Träger der Arbeit besondere Auflagen gemacht werden. Insbesondere wird in der Regel der Träger der Arbeit zu verpflichten sein, die Arbeitsdienstwilligen nach Beendigung oder vorzeitigem Verlassen der Beschäftigung an ihren ursprünglichen Unterstützungsort zurückzubefördern.

(5) Zur Einlegung der Beschwerde gegen eine Entscheidung des Vorsitzenden des Landesarbeitsamts ist jeder berechtigt, der an der Abänderung der Entscheidung ein berechtigtes Interesse hat (Art. 12 Abs. 3). Hierunter fallen neben dem Träger der Arbeit der Träger des Dienstes, der die Arbeitsdienstwilligen für die Arbeit zur Verfügung stellt, die Gemeinde, in deren Bezirk die Arbeit ausgeführt werden soll, und die Vertreter der Wirtschaftsgruppen, deren Belange durch einen Verstoß gegen die Grundsätze dieser Verordnung berührt werden.

(6) Der Uebergang der Zuständigkeit für die Gewährung der Unterstützung an alle beteiligten Arbeitsdienstwilligen auf das Arbeitsamt des Dienstortes (Art. 9 Abs. 1) hat zur Folge, daß auch der Gemeindeanteil in der Krisenunterstützung von derjenigen Gemeinde übernommen wird, in der die Arbeit ausgeführt wird. Schon aus diesem Grunde empfiehlt es sich, die Stellungnahme der Gemeinde einzuholen.

(7) Nach Art. 9 Abs. 2 kann der Vorsitzende des Landesarbeitsamts im Rahmen der zur Verfügung gestellten Mittel, deren Zuteilung vorbehalten bleibt, den Anteil der Gemeinden am Aufwande für die Krisenunterstützung auf Reichsmittel übernehmen, soweit Gemeinden von geringer finanzieller Leistungsfähigkeit, in denen nach Abs. 1 die Zuständigkeit zur Krisenunterstützung begründet wird, hierdurch über Gebühr mit Aufwendungen für Empfänger von Krisenunterstützung belastet würden (§ 167 AVAVG.), ohne daß ihnen ein entsprechender Vorteil aus der Ausführung der Arbeit erwächst. Für die den Vorsitzenden der Landesarbeitsämter hierdurch übertragenen Befugnisse lassen sich allgemeine Richtlinien nicht aufstellen. Die Entscheidung wird jedoch unter jeweiliger Berücksichtigung der wirtschafts- und arbeitsmarktpolitischen Verhältnisse des Einzelfalles ohne engherzige Auslegung zu treffen sein.

G. Anwendung von Vorschriften der Sozialversicherung und des Arbeitsschutzes

(1) Art. 13 trifft im Abs. 1 Bestimmung über die Krankenversicherung der Empfänger von Arbeitslosen- und Krisenunterstützung, im Abs. 2 über die Krankenversicherung der aus Reichsmitteln nach Art. 5 geförderten Arbeitslosen. Wird diesen Arbeitsdienstwilligen hiernach Krankengeld gezahlt, so haben sie daneben keinen Anspruch auf Unterstützung nach Art. 4 und 5. § 88 Abs. 2 AVAVG. findet Anwendung.

(2) Abs. 3 erweitert den Personenkreis, der nach der Reichsversicherungsordnung für den Fall der Krankheit pflichtversichert ist, auf alle bei Arbeiten des freiwilligen Arbeitsdienstes Beschäftigten, mit denen ein Arbeitsvertrag nicht abgeschlossen ist (vgl. unter D 3).

(3) Nach Art. 14 gelten die reichsgesetzlichen Vorschriften über die Unfallversicherung auch für die Beschäftigten im freiwilligen Arbeitsdienst. Da die reichsgesetzliche Unfallversicherung nur für Betriebsunfälle entschädigt, Unfallgefahren für Arbeitsdienstwillige aber auch außerhalb der Betriebe bestehen, insbesondere während der Freizeit (vgl. unter C 4), sind die Träger der Arbeiten oder des Dienstes anzuhalten, aus eigenen Mitteln die Arbeitsdienstwilligen gegen solche Gefahren zu versichern. Eine entsprechende Versicherung ist z. B. vom Herrn Preußischen Minister für Volkswohlfahrt im Interesse der staatlicherseits geförderten Jugendpflege durch Vertrag vom 1. April 1931 (1929) abgeschlossen. Hiernach sind die Jugendlichen gegen Unfälle (jährliche Prämie 0,25 bis 0,40 RM.) und die Jugendpfleger usw. gegen Haftpflicht versichert (vgl. auch Runderlaß des Herrn Ministers für Volkswohlfahrt, betreffend Versicherung der erwerbslosen Jugendlichen gegen Unfall und Haftpflicht vom 23. April 1931 — III 9310/30. 1). In den übrigen Ländern dürften ähnliche Einrichtungen bestehen, auf die ich die Träger der Arbeit oder des Dienstes gegebenenfalls hinzuweisen bitte.

(4) Art. 15 enthält Bestimmungen über Aufrechterhaltung der Anwartschaften in der Invaliden-, Angestellten- und knappschaftlichen Pensionsversicherung für Arbeitsdienstwillige, die bis zur Aufnahme des freiwilligen Arbeitsdienstes versicherungsmäßige Arbeitslosen- und Krisenunterstützung bezogen haben. Für die übrigen Kategorien von Arbeitsdienstwilligen ist die Aufrechterhaltung der Anwartschaft oder der Abschluß einer Versicherung dieser Art — unbeschadet der Selbstversicherung — nicht vorgesehen.

(5) Art. 16 schreibt vor, daß auf die im freiwilligen Arbeitsdienst Beschäftigten die Vorschriften über Arbeitszeit, Sonntagsruhe, Gefahrenschutz und über Arbeitsbeschränkungen für Frauen und Jugendliche Anwendung finden. Ich weise darauf hin, daß diese Bestimmungen das Mindestmaß an Schutz darstellen, das namentlich den jugendlichen Arbeitsdienstwilligen geboten werden muß. Aus den mit dem freiwilligen Arbeitsdienst verbundenen arbeitspädagogischen und jugendpflegerischen Gesichtspunkten wird sich vielfach die Notwendigkeit ergeben, die in den genannten Vorschriften gezogenen Höchstgrenzen, insbesondere hinsichtlich der Arbeitszeit die zulässige Höchststundenzahl, nicht voll auszuschöpfen.

H. Verpflichtung der Gemeinden zur Gewährung von Unterkunft und Verpflegung

Es ist davon auszugehen, daß für Unterkunft und Verpflegung der Arbeitsdienstwilligen der Träger der Arbeit aufzukommen hat, dem auch regelmäßig die Vorteile der Arbeit zugute kommen werden. Erst wenn der Träger nachweist, daß er die erforderlichen Einrichtungen selbst nicht beschaffen kann, kann der Vorsitzende des Landesarbeitsamts gemäß Art. 17 die Gemeinde, in deren Bezirk die Arbeit ausgeführt wird, verpflichten, Unterkunft und Verpflegung für die bei der Arbeit beschäftigten Arbeitsdienstwilligen gegen angemessene Entschädigung durch den Träger zur Verfügung zu stellen. Vor der Entscheidung hat er sich mit der Gemeinde ins Benehmen zu setzen.

I. Erleichterung der Siedlung für Arbeitsdienstwillige

(1) Die Bewilligung der Gutschrift zu Siedlungszwecken (Art. 18) hat zur Voraussetzung, daß die Arbeit, bei der der Arbeitsdienstwillige beschäftigt ist, als eine volkswirtschaftlich wertvolle Arbeit anzusprechen ist. Ich bitte, vorläufig nur solche Arbeiten als volkswirtschaftlich wertvoll anzuerkennen, für die nach § 1 Abs. 1 der Verordnung des Herrn Reichsarbeitsministers über Darlehen und Zinszuschüsse des Reichs und der Länder für öffentliche Notstandsarbeiten vom 29. März 1928 die verstärkte Förderung aus Mitteln der wertschaffenden Arbeitslosenfürsorge bewilligt werden könnte. In Zweifelsfällen bitte ich meine Entscheidung einzuholen.

(2) Die Gutschrift geschieht nach Art. 18 Abs. 3 nur auf Antrag des Arbeitsdienstwilligen. Der Antrag ist spätestens einen Monat nach Abschluß der Beschäftigung beim Arbeitsamt des Dienstortes zu stellen. Dieses prüft an Hand der Auszahlungslisten, der FrA.-Stammkarte und der Kontrollkarte (vgl. §§ 2, 3 und 9 der Anordnung des Präsidenten der Reichsanstalt über Abrechnung und Statistik des freiwilligen Arbeitsdienstes), ob die Voraussetzungen für die Gutschrift gegeben sind, stellt hiernach die Höhe des gutzuschreibenden Betrages rechnerisch fest und gibt den Antrag mit dem Ergebnis der Feststellungen und mit eigener Stellungnahme an den Vorsitzenden des Landesarbeitsamts weiter. Dieser veranlaßt die Eintragung des gutzuschreibenden Betrages in das Reichsschuldbuch (Art. 19).

K. Ueberwachung, Abrechnung, Statistik, Uebergangsvorschriften

(1) Die Nachprüfungen, die nach Art. 20 das Arbeitsamt des Dienstortes von Zeit zu Zeit vorzunehmen hat, haben sich auf das Fortbestehen aller Voraussetzungen des freiwilligen Arbeitsdienstes, insbesondere darauf zu erstrecken, ob die dem Arbeitsdienstwilligen gewährte Unterkunft und Verpflegung angemessen ist und ob die Vorschriften über den Arbeitsschutz vornehmlich den jugendlichen Arbeitsdienstwilligen gegenüber eingehalten werden.

(2) Ueber die Abrechnung und Statistik ergehen besondere Anordnungen.

(3) Für Arbeitsdienstwillige, die bei Inkrafttreten der Verordnung des Herrn Reichsarbeitsministers über die Förderung des freiwilligen Arbeitsdienstes schon bei einer Arbeit des freiwilligen Arbeitsdienstes beschäftigt sind, und die auf ihre versicherungsmäßige Arbeitslosen- bzw. Krisenunterstützung zunächst verzichtet haben, kann von dem Inkrafttreten der Verordnung des Herrn Reichsarbeitsministers vom 23. Juli 1931 an die Förderung bewilligt werden, wenn ihr Anspruch auf versicherungsmäßige Arbeitslosen- oder Krisenunterstützung noch nicht erschöpft ist und sofern die übrigen Voraussetzungen der Verordnung gegeben sind. Die Anerkennung kann in diesen Fällen auf den Tag des Inkrafttretens der Verordnung zurückbezogen werden; dann beginnt mit diesem Tage auch die für die Gutschrift auf Siedlungskonto gemäß Art. 18 erforderte Beschäftigungszeit von 12 Wochen.

Dr. Syrup

Entschließung

des Arbeitslagerkurses, März 1932, im Boberhaus zum Freiwilligen Arbeitsdienst:

„1. Die Lager des FAD. sind eine Sache der Jungen Generation. Eine umfassende Selbstverwaltung muß ihrem verantwortlichen Gestaltungswillen freien Raum geben. Alle Scheinlösungen dieser Forderung sind energisch abzulehnen. Die wirksame Mitverantwortung aller Teilnehmer ist zu organisieren (Führung der Arbeitsgruppen, Kassenverwaltung, Freizeitgestaltung, Lagerordnung und -sitte usw.).

2. Der FAD. ist nicht die Sache einzelner „Versicherungsgruppen", sondern ein Recht aller junger Erwerbslosen (z. B. der stellungslosen Jungakademiker). Die bisherigen gesetzlichen Bestimmungen sind daher dementsprechend zu erweitern. (Besondere Reichsmittel für alle, die keiner „Versicherungsgruppe" angehören.)

3. Der Volksdienst, der alle Berufsgruppen und politischen Richtungen umfaßt, verdient den Vorrang vor dem Verbandsdienst.

4. Die Teilnahme am FAD. soll besonders den Arbeitslosen ermöglicht werden, die schon lange ohne Erwerb sind, insbesondere also den Wohlfahrtsunterstützungsempfängern. Dieser selbstverständlichen Forderung gegenüber erscheinen das Gesetz und seine derzeitige Anwendung, die entgegen den zwingenden Notwendigkeiten gerade die vor kurzem erst arbeitslos gewordenen Jugendlichen berücksichtigt, völlig unzureichend.

5. Bei den Arbeitsobjekten ist streng auf ihre Zusätzlichkeit und Gemeinnützigkeit zu achten. Die Arbeiten sollen besonders notleidenden Gebieten zugute kommen und so ausgewählt werden, daß sie die Arbeitsfreude wecken und sinnvolle Aufgaben stellen.

6. Die Ernsthaftigkeit der erzieherischen Arbeit ist genau so zur Voraussetzung des Anerkennungsbescheides zu machen, wie die Ernsthaftigkeit der körperlichen Arbeit. Eine pädagogisch verantwortliche Durchführung des Arbeitsdienstes im ganzen Tageslaufe wird besser eine tüchtige Arbeitsleistung sicherstellen als die schematische Festsetzung einer bestimmten Mindestarbeitszeit.

7. Neben der körperlichen Arbeit muß im Tagesplan hinreichend Zeit für den Unterricht und die gemeinsame Freizeit vorhanden sein. Die Träger des Dienstes müssen nachweisen, daß geeignete Menschen hierfür zur Verfügung stehen, sonst ist das Unternehmen nicht als FAD. anzuerkennen. Durch Vorträge und Arbeitsgemeinschaften muß eine staatskundliche Schulung geleistet werden, die von der Lage der Erwerbslosen, der besonderen Arbeitsaufgabe und den örtlichen Verhältnissen ausgeht. Die Freizeitgestaltung darf nicht dem Zufall überlassen werden, sondern ist bewußt nach den Erfahrungen der Jungen Generation durchzuführen."

Literaturverzeichnis

zur Arbeitslagerbewegung und zum freiwilligen Arbeitsdienst[1])

A. Bücher.

Das Arbeitslager. Berichte aus Schlesien von Arbeitern, Bauern und Studenten.
Herausgegeben von Eugen Rosenstock und Carl Dietrich von Trotha, Eugen Diederichs Verlag, Jena, 1931.

Reconstruction in Silesia (Schlesische Arbeitslager 1928—1930).
Von Rolf Gardiner, Selbstverlag des Anglo-German Academic Bureau, London 1930.

Der Arbeitsdienst der Schweizer Jugend, seine Gönner und die bisher durchgeführten Versuche auf freiwilligem Wege.
Von Dr. T. Waldvogel, Verlag A.-G. Gebr. Leemann & Co., Zürich 2, 1929, II. Auflage.

Die drei studentischen Arbeitskolonien in Wallis, Bonatschesse, Plenaz-Jeux, Torgon 1929. Jahresbericht und Bilanz.
Herausgegeben vom Verband der Schweizerischen Studentenschaften. Verlag A.-G. Gebr. Leemann & Co., Zürich-Selnau 1929.

Der studentische Hilfsdienst; Camps de travail 1931 — Arbeitskolonien Außerberg und Lax, Hilfsheuerdienst.
Herausgegeben vom Amt für Arbeitskolonien des Verbandes der Schweizerischen Studentenschaften, Selbstverlag, Zürich, 1931.

Nederlandsch Studenten Werkkamp — Kampverslag 19. bis 29. August 1931.
Selbstverlag des International Student Service National Nederlandsch Comite, Amsterdam, 1931.

Handbuch für den freiwilligen Arbeitsdienst.
Verlag Heymann, Berlin 1932.

Der freiwillige Arbeitsdienst.
Herausgegeben von der Reichsgeschäftsstelle des Kirchlich-sozialen Bundes, Wichern-Verlag, Berlin-Spandau, 1931.

Eine Bresche! Der Arbeitsdienst als Ausweg für Deutschlands Jugend aus einem Dasein ohne Hoffnung und Ziel.
Von Pastor G. Strathenwert, Verlagshandlung der Anstalt Bethel, Bethel bei Bielefeld, 1932.

Volksdienst tut not. Ein Aufriß in 99 Leitsätzen.
Von G. Wendler. Verlag Deutsche Rundschau G. m. b. H., Berlin, 1930.

Gutachten zur Arbeitslosenfrage.
Von Dr. Brauns. Herausgegeben von der Geschäftsstelle des Reichsarbeitsblattes. Berlin 1931.

B. Zeitschriften.

C. Fabricius
„Zur Frage der studentischen Arbeitslager — Jugend am Werk" Württembergische Hochschulzeitung, Nr. 30, 1. 7. 1931.

[1]) Die reichhaltige Literatur zur Frage der Arbeitsdienstpflicht ist hier nicht berücksichtigt. Eine Uebersicht enthält das Buch von Dr. Wilhelm: „Volk im Dienst", Leipzig 1931 (12 Seiten Literatur). Ferner sei verwiesen auf die Darstellung des einzigen bisher durchgeführten Arbeitsdienstpflichtversuches in dem Buch von Dr. Hans Raupach: „Arbeitsdienst in Bulgarien", Studentenwerkschriften Band 5.

Otto Gall
„Die ersten Arbeitslager der Tübinger Studentenschaft zusammen mit Arbeitslosen"
Akademische Turnbunds-Blätter, 44. Jahrgang, Heft 10, Oktober 1931.

Richard Gothe
„Das dritte Norddeutsche Arbeitslager für Arbeiter, Bauern und Studenten in Marienau"
Das werdende Zeitalter, 10. Jahrgang, Heft 7/8, Juli/August 1931.

Georg Götsch
„Bericht über das Arbeitslager der Jungmannschaft des Bundes der Wandervögel und Pfadfinder 1926 in Dassel im Solling"
Der Weiße Ritter, 6. Band, Lieferung 5—6, Verlag Voggenreiter, Potsdam.

Walter Greiff
„Das 1. Badische Arbeitslager 1931"
Karlsruher Akademische Mitteilungen, Nr. 2, 15. 11. 1931.

Fritz Heidler
„Von Schweizer Arbeitslagern"
Die Leipziger Studentenschaft, 14. Halbjahr, Nr. 3, 30. 6. 1931.

E. Hennig
„Zur Kritik an studentischen Arbeitslagern"
Württembergische Hochschulzeitung, Nr. 34, 1. 12. 1931.

W. Heß
„Der freiwillige Arbeitsdienst"
Der Arbeitgeber, 21. Jahrgang, Nr. 16, 15. 8. 1931.

Bruno Klopfer
„Die jungen Arbeitslosen und der freiwillige Arbeitsdienst"
Soziale Praxis, 40. Jahrgang, Heft 28, 9. 7. 1931.

Hans Marder
„Student und Arbeitsdienst"
Westdeutsche Akademische Rundschau, 1. Jahrgang, Nr. 11, 15. 12. 1931.

Karl Reuter
„Freiwilliger Arbeitsdienst / Heimatdienst"
Staat und Technik, 7. Jahrgang, Nr. 8, August 1931.

Eugen Rosenstock
„Hochschule und Arbeitslager"
Schlesische Hochschulblätter, Nr. 2, Juni 1927.

— —
„Das Arbeitslager für Jungarbeiter, Jungbauern und Jungakademiker in Löwenberg vom 14. bis 31. März 1928."
Freie Volksbildung, 3. Jahrgang.

— —
„Dienstpflicht?"
Deutsche Rundschau, 55. Jahrgang. April 1929.

— —
„Die Arbeitslager innerhalb der Erwachsenenbildung"
Jahrbuch für Erwachsenenbildung, 2. Folge, Verlag Silberburg, Stuttgart, 1930.

A. Schindler-Wulff
„Der freiwillige Arbeitsdienst"
Arbeit und Beruf, 10. Jahrgang, 18. Heft, 25. 9. 1931.

Hellmut Schütz
„Bericht über das Arbeitslager der Löwenberger Arbeitsgemeinschaft"
Die Volksgruppe, herausgegeben von dem Grenzschulheim Boberhaus der schlesischen Jungmannschaft, Heft 2, Herbst 1928.

J. Siebrecht
„Prognose des Arbeitsdienstes"
Württembergische Hochschulzeitung, Nr. 35, 15. 12. 1931.

Friedrich Syrup
„Die ersten Erfahrungen mit dem freiwilligen Arbeitsdienst"
Soziale Praxis, 40. Jahrgang, Heft 49, 3. 12. 1931.

Fritz Tänzler
„Freiwilliger Arbeitsdienst"
Der Arbeitgeber, 21. Jahrgang, Nr. 24, 15. 12. 1931.

W. Waidelich
„Studentische Arbeitslager"
Württembergische Hochschulzeitung, Nr. 30, 1. 7. 1931.

Fritz Warber
„Arbeitsdienst — Arbeitslager", Eine Auseinandersetzung
Württembergische Hochschulzeitung, Nr. 35, 15. 12. 1931.

Ernst Wolfer
„Studentische Arbeitskolonien"
Schweizerische Monatshefte für Politik und Kultur. 9. Jahrgang, Heft 9, 1929.

Arbeitslager-Sonderheft
„Studentenwerk", Jahrgang V, Heft 6, Nov.-Dez. 1931.

„Arbeitslager der Leipziger Studentenschaft in Oberschlesien"
Die Leipziger Studentenschaft. Sonderheft, Sommer 1931, 15. Halbjahr, Nr. 3, 20. 1. 1932.

„Arbeitslager der Stuttgarter Studentenschaft"
Akademische Correspondenz, 4. Jahrgang Nr. 25, 3. 12. 1931.

„Um unsere studentischen Arbeitskolonien"
Schweizerische Hochschulzeitung, 5. Jahrgang, Nr. 4, Dezember 1931.

„Das erste badische Arbeitslager zu Egringen"
Freiburger Studentenzeitung, IV. Semester, Nr. 2, 17. 11. 1931.

„Ein Arbeitslager Leipziger Studenten in Oberschlesien"
Ostland, 12. Jahrgang, Nr. 46, 13. 11. 1931.

„Betrachtungen über studentische Arbeitslager"
Der Student, 12. Jahrgang, Nr. 13/14, November 1931.

„Student Work Colonies"
More Facts, Mitteilungen des Weltstudentenwerks, November 1931.

„Studenten im freiwilligen Arbeitsdienst"
Breslauer Hochschul-Rundschau, 22. Jahrgang, Nr. 7, Okt./Nov. 1931.

„Freiwilliger Arbeitsdienst in Württemberg"
Wingolfs-Blätter, 60. Jahrgang, Folge 10, 15. 10. 1931.

„Freiwilliger Arbeitsdienst — Ein praktischer Versuch"
Wingolfs-Blätter, 60. Jahrgang, Folge 10, 15. 10. 1931.

„Studentische Arbeitslager"
Wingolfs-Blätter, 60. Jahrgang, Folge 10, 15. 10. 1931.

„Studentische Arbeitslager"
Wingolfs-Blätter, 60. Jahrgang, Folge 7, 15. 7. 1931.

„Studentische Arbeitslager"
Hamburger Universitäts-Zeitung, 13. Jahrgang, Heft 4, 8. 7. 1931.

„Volksbund für Arbeitsdienst"
Der Arbeitgeber, 21. Jahrgang, Nr. 24, 15. 12. 1931.

„Der Ingenieur im freiwilligen Arbeitsdienst"
VDI-Nachrichten, 11. Jahrgang, Nr. 40, 7. 10. 1931.

„Der freiwillige Arbeitsdienst"
Reichslandbund, 11. Jahrgang, Nr. 37, 12. 9. 1931.

„Der freiwillige Arbeitsdienst"
Ostland, 12. Jahrgang, Nr. 37, 11. 9. 1931.

„Idee und Durchführung des freiwilligen Arbeitsdienstes"
Soziale Praxis, 40. Jahrgang, Heft 32, 6. 8. 1931.

„Verordnung über die Förderung des freiwilligen Arbeitsdienstes"
Soziale Praxis, 40. Jahrgang, Heft 32, 6. 8. 1931.

„Studentische Arbeitslager"
Der Heidelberger Student, Nr. 3, 26. 6. 1931.

„Die Notverordnung des Reichspräsidenten und der Freiwillige Volksdienst"
Freiwilliger Volksdienst, 1. Jahrgang, Nr. 1, 24. 6. 1931 (und folgende Nummern).

„Studentische Arbeitskolonie"
Württembergische Hochschulzeitung Nr. 29, 15. 6. 1931.

„Studentische Arbeitslager"
Schweizerische Hochschul-Zeitung, 5. Jahrgang, Nr. 2, Juni 1931.

„Berichte über Arbeitslager"
Die Volksgruppe, herausgegeben von dem Grenzschulheim der schlesischen Jungmannschaft Boberhaus, Heft 3/4, Herbst 1929.

C. Fortlaufende Berichterstattung

Ueber die Arbeitslagerbewegung und den freiwilligen Arbeitsdienst berichten fortlaufend:

„Studentenwerk", Zeitschrift der studentischen Selbsthilfearbeit.
Herausgegeben vom Deutschen Studentenwerk e. V., Dresden. Verlag Walter de Gruyter u. Co., Berlin und Leipzig.

„Die Volksgruppe", Beiträge zum schlesischen Volksbildungswerk.
Herausgegeben von dem Grenzschulheim Boberhaus der Schlesischen Jungmannschaft, Löwenberg i. Schlesien.

„Der Zwiespruch", Zeitung der jungen Generation.
Amtliches Nachrichtenblatt der Mittelstelle deutscher Jugend in Europa. Zwiespruchverlag G. m. b. H., Berlin W 30.

„Der Jungdeutsche"
Verlag Gesellschaft Deutsche Presse m. b. H., Berlin SW 68.

„Freiwilliger Volksdienst"
Mitteilungen des Volksbunds zur Förderung des Freiwilligen Volksdienstes. Reutlingen i. Württ., Postfach 37.

FSC
www.fsc.org
MIX
Papier | Fördert gute Waldnutzung
FSC® C083411

Kolibri 360 GmbH
Ferdinand-Jühlke-Straße 7
99095 Erfurt, Deutschland
produktsicherheit@kolibri360.de